第2章 别墅展示——室外环境表现技术

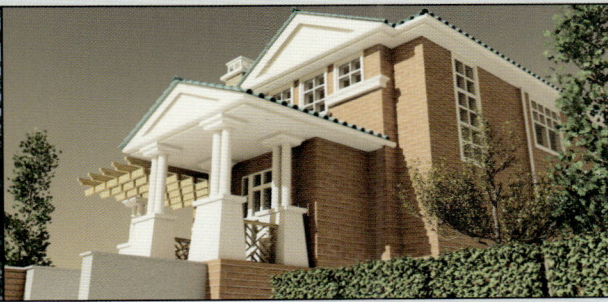

第3章 蘑菇——次表面散射表现技术

第4章 浪花特效——Boss海洋模拟技术

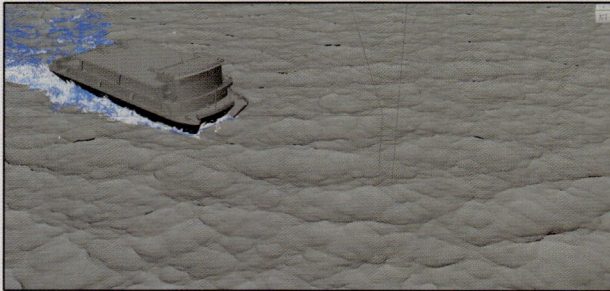

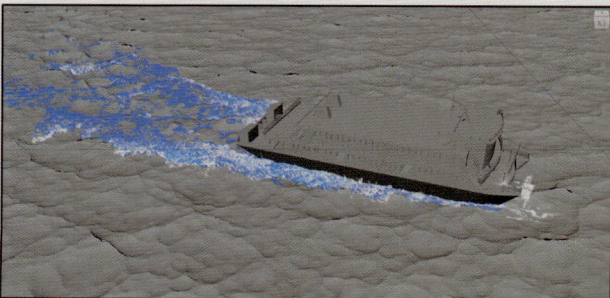

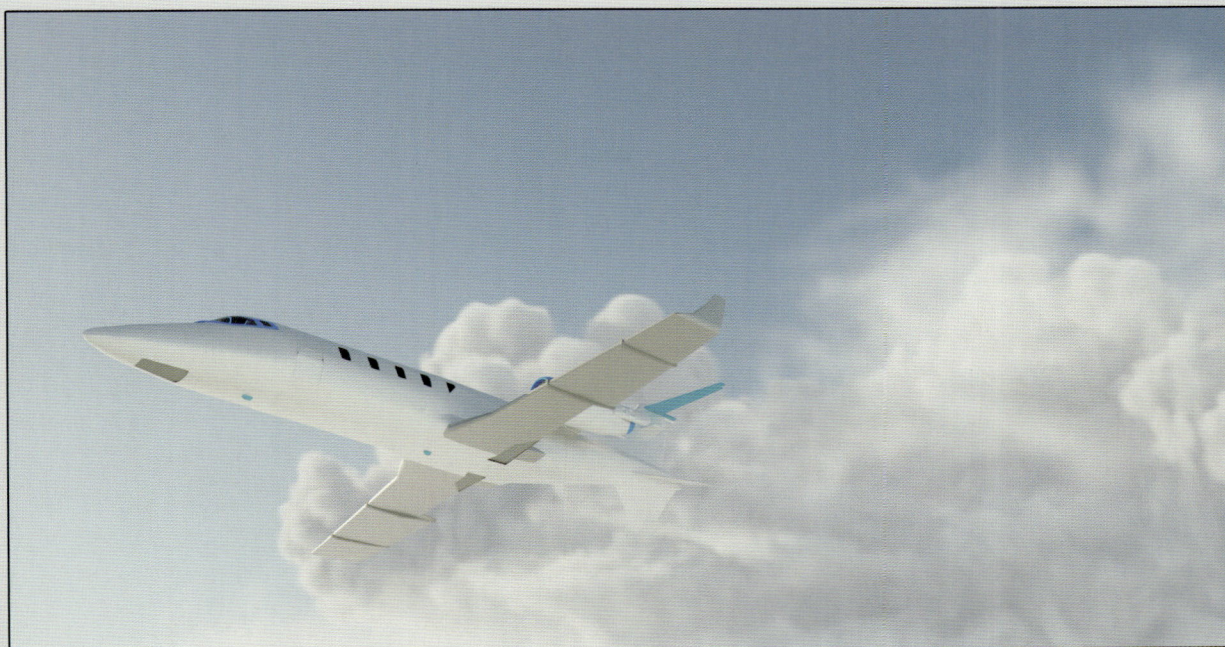

第5章 穿透云层——流体云制作技术

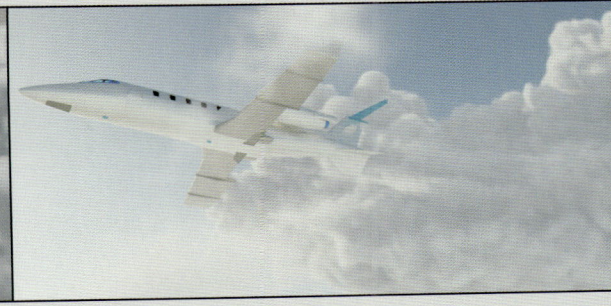

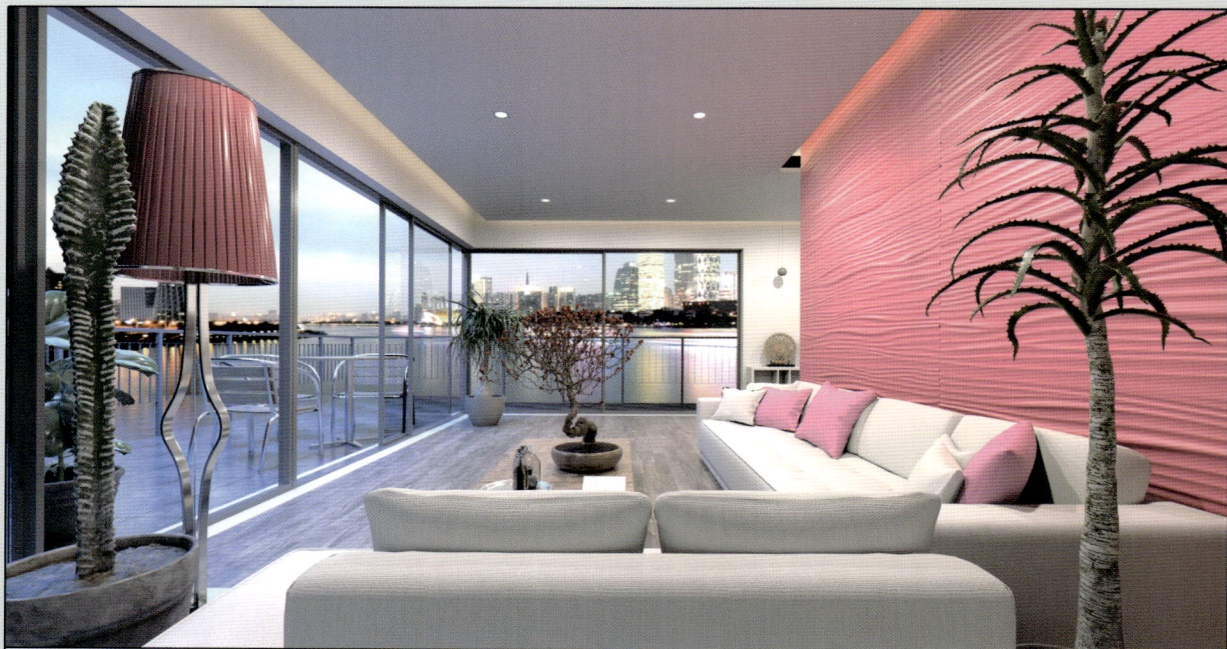

第6章 简约客厅——室内夜景表现技术

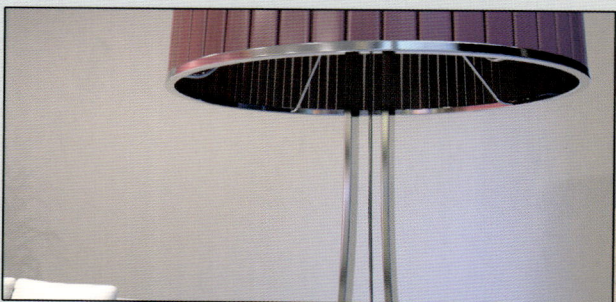

第7章 阳光卧室——室内日景表现技术

第8章 林中小屋——体积光表现技术

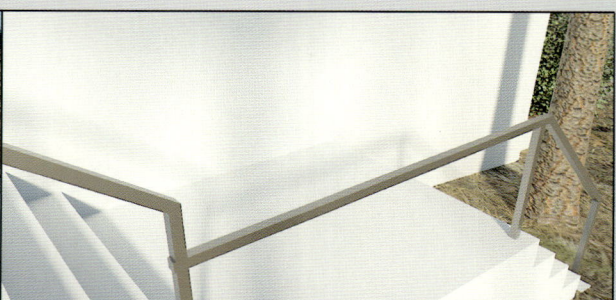

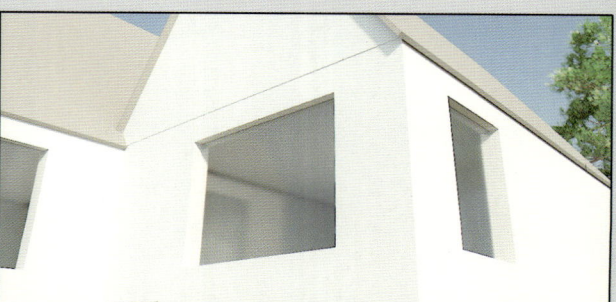

第9章 重庆大礼堂——雾天效果表现

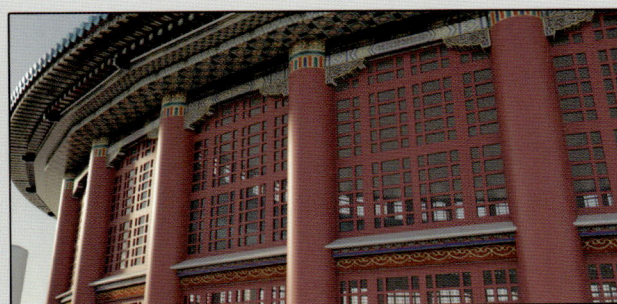

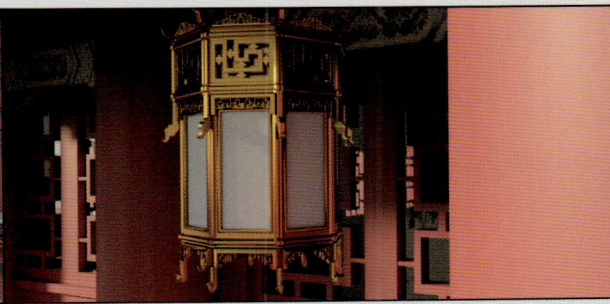

第10章 甜甜圈——卡通材质表现技术

平面设计与制作

突破平面 **Maya**

第2版

灯光材质渲染剖析

来阳 / 编著

清華大学出版社
北 京

　　写作是一件快乐的事情，在本书的出版过程中，清华大学出版社的编辑老师们为图书的出版做了很多工作，在此表示诚挚的感谢。

　　本书的配套素材和视频教学文件请扫描下面的二维码进行下载，如果在下载过程中碰到问题，请联系陈老师，邮箱：chenlch@tup.tsinghua.edu.cn。由于作者水平有限，书中疏漏之处在所难免。如果有任何技术问题请扫描下面的二维码联系相关技术人员解决。

配套素材　　　　　　　　　视频教学　　　　　　　　　技术支持

来阳

2023年4月

如今，市面上有关Maya软件的技术书籍种类繁多，但是，详细讲解三维动画场景制作的图书却不多。为了填补这方面的书籍空缺，我将平时工作中所接触到的项目及三维场景制作技术融入本书。本书是对2020年6月出版的《突破平面Maya灯光材质渲染剖析》的升级，在去除旧版本中过时内容的基础上，补充了新的实例并更新了制作的方法及技巧。希望读者通过阅读本书，能够熟悉这一行业对一线项目制作人员的技术要求，以及掌握解决这些技术问题所采取的应对措施。

下面介绍本书的章节构成。

第1章主要讲解了有关渲染技术的基础理论知识，让读者对自己想要学习的内容有一个了解的过程。

第2章的实例为一栋别墅的外观表现，主要讲解了实景建筑表现的制作思路及技巧，重点剖析了"噪波"渲染节点和aiPhysicalSky渲染节点中的参数命令。

第3章的实例为一个以蘑菇为表现主题的梦幻卡通风格动画场景表现，重点讲解了次表面散射材质及景深渲染效果的制作技术。

第4章的实例为游艇在海面上航行的动画场景，重点讲解了BOSS海洋模拟系统在实际动画场景中的应用技术。

第5章的实例为一个云层特写的三维场景表现，重点讲解了3D流体容器的使用方法。

第6章的实例为一个黄昏时分的简约客厅场景表现，重点讲解了室内人工灯光的设置技巧，以及如何渲染线框效果图。

第7章的实例为一个卧室的日景表现，重点讲解了常见的室内材质及日景灯光设置技巧。

第8章的实例为一个带有体积光效果的室外场景案例，重点讲解了体积光的参数设置。

第9章的实例为重庆市地标建筑重庆市人民大礼堂的建筑表现，重点讲解了雾气效果的制作技巧。

第10章的实例为一个甜甜圈的卡通材质表现，重点讲解了MASH对象的使用方法及卡通材质的制作思路。

　　写作是一件快乐的事情，在本书的出版过程中，清华大学出版社的编辑老师们为图书的出版做了很多工作，在此表示诚挚的感谢。

　　本书的配套素材和视频教学文件请扫描下面的二维码进行下载，如果在下载过程中碰到问题，请联系陈老师，邮箱：chenlch@tup.tsinghua.edu.cn。由于作者水平有限，书中疏漏之处在所难免。如果有任何技术问题请扫描下面的二维码联系相关技术人员解决。

配套素材　　　　　　　视频教学　　　　　　　技术支持

来阳

2023年4月

目 录

Contents

第1章 渲染技术基础知识

什么是"渲染"？其英文"Render"可以翻译为"着色"，从其在整个项目流程中的环节来说，可以理解为"出图"。渲染真的就仅仅是在所有三维项目制作完成后单击"渲染当前帧"按钮的那一次操作吗？很显然不是。模拟三维环境的多数视觉特征均是在渲染处理期间确定的，渲染技术与灯光、摄影机和材质的设置息息相关。通常我们在工作中所说的渲染，指的为场景中的模型设置材质、灯光、摄影机角度等一系列的工作流程，并在"渲染设置"面板中，通过调整参数来控制最终图像的计算采样及渲染时间，让计算机在一个合理时间内计算出令人满意的图像。在深入学习材质、灯光及渲染设置之前，我们首先应熟悉一下三维软件和一些涉及光影、色彩的相关理论知识。

1.1 Maya概述

随着科技的更新和时代的进步，计算机应用已经渗透至各个行业的发展工作中，并且无处不在，俨然已经成为了人们工作和生活中无法取代的重要电子产品。多种多样的软件技术配合不断更新换代的计算机硬件，使得越来越多的可视化数字媒体产品飞速融入人们的生活中来。越来越多的艺术专业人员也开始使用数字技术来进行工作，诸如绘画、雕塑、摄影等传统艺术学科也都开始与数字技术融会贯通，形成了一个全新的学科交叉创意工作环境。

Autodesk Maya是美国Autodesk公司出品的专业三维动画软件，也是国内应用最广泛的专业三维动画软件之一，旨在为广大三维动画师提供

功能丰富、强大的动画工具来制作优秀的动画作品。通过对Maya的多种动画工具组合使用，使得场景看起来更加生动，角色看起来更加真实，其内置的动力学技术模块则可以为场景中的对象进行逼真而细腻的动力学动画计算，从而为三维动画师节省大量的工作步骤及时间，极大地提高动画的精准程度。Maya软件在动画制作业界中声名显赫，是电影级别的高端制作软件。尽管其售价不菲，但是由于其强大的动画制作功能和友好便于操作的工作方式，仍然使得其得到了广大公司及艺术家的高度青睐。如图1-1所示为Maya 2023的软件启动显示界面。

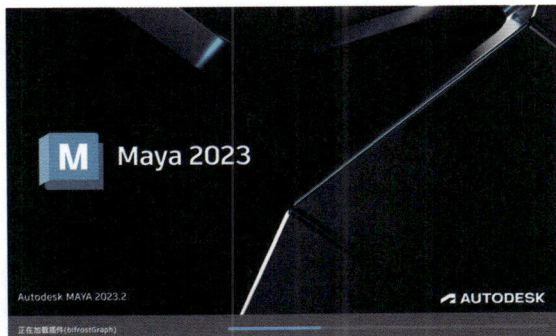

图1-1

Maya 软件为用户提供了多种类型的建模方式，配合自身强大的渲染器，可以轻松制作出极为真实的单帧画面及影视作品。下面举例来简单了解一下该软件的主要应用领域。

1.2 Maya 2023的应用范围

计算机图形技术始于20世纪50年代早期，最

初主要应用于军事作战、计算机辅助设计与制造等专业领域，而非现在的艺术设计专业。在20世纪90年代后，计算机应用技术开始变得成熟，随着计算机价格的下降，使得图形图像技术开始被越来越多的视觉艺术专业人员所关注、学习。Maya 1.0软件于1998年2月由Alias公司正式发布，到了2005年，其由于被Autodesk公司收购，Maya软件的全称也随之更名为Autodesk Maya。在本书中，仍然以广大用户较为习惯的名称——Maya，来作为软件名称进行使用。

作为Autodesk公司生产的旗舰级别动画软件，Maya可以为从事产品展示、建筑表现、园林景观设计、游戏、电影和运动图形等行业的设计人员提供一套全面的 3D 建模、动画、渲染及合成的解决方案，应用领域非常广泛。

1.2.1 建筑表现

建筑作为人类历史悠久文化的一部分，充分体现了人类对自然的认识、思考及改变。通过对不同时代、不同地区的建筑进行研究，可以看出人类文明的发展及当时、当地社会经济形态的演变，并对今后的建筑设计表现产生重要影响。使用Autodesk公司的Maya产品，使得建筑的设计表现将不再仅仅局限于纸上的一个视角，而是全方位地以任何角度将设计师的意图充分展现出来，配合软件的材质及光影计算，渲染出来的逼真画面可以给人身临其境般的视觉享受，如图1-2所示。

图1-2

图1-2（续）

1.2.2 室内空间表现

随着经济的迅速发展和人们对自身居住空间环境的逐渐认知，越来越多的人开始追求在保证正常的生活条件下，努力提高居住及工作环境的美感和舒适度，所以室内空间设计这一学科越来越受到人们的重视。室内空间设计可根据场地的用途、大小等因素分为家装设计、展厅设计、办公空间设计等，如图1-3所示。

图1-3

1.2.3 风景园林表现

关于园林的产生历史，大概可以追溯到人类出现的时期。长久以来，人类一直在不断地尝试改变自身的居住环境以适应自己的世界观和审美观。随着生态保护意识的不断加强，风景园林这一学科开始被人们重视起来。风景园林不仅具有美学价值，还具有防尘、保湿、改变空间的空气质量及改善地区气候等生态价值，所以，人们在设计地表建筑物时，会将周围的园林景观一并规划出来。借助于Maya这一三维软件表现平台，使得人们在土地开发时，可以非常宏观地预览到未来的环境景象，如图1-4所示。

图1-4

1.2.4 工业设计表现

使用Maya可以以非常真实的画面质感来表现出工业产品设计的最终效果，如汽车设计、手表设计、饰品设计、家居用品设计等，使得设计师们不用等到产品生成出来就能感知自己的得意之作，如图1-5所示。

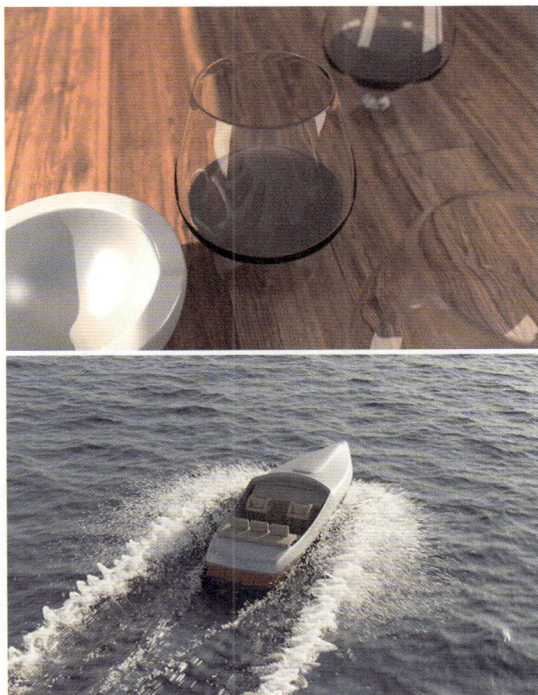

图1-5

1.2.5 影视特效表现

在三维影像技术发展成熟的今天，电影特技效果越来越逼真，使得很多影片的拍摄都会使用到大量的镜头特效来完成制作。例如在大街上拍摄一段剧情，那么不可避免地会涉及可能需要封路来完成拍摄，封路不仅会影响到城市中正常的道路状况，也为影片增加了拍摄的成本，而用Maya制作出的三维街景则可以在不影响人们正常生活的条件下完成影片镜头的制作，如图1-6所示为使用Maya软件制作出来的三维场景及虚拟角色。

图1-6

3

图1-6（续）

1.3 CG静帧表现中的色彩运用

CG静帧通常指使用二维动画软件或三维动画软件所制作出来的静态图像，CG静帧是计算机数字技术与传统艺术结合的产物，在表现形式上既可以表现为二维手绘风格，也可以表现为超写实的三维动画风格。但是单纯根据CG静帧图像的画面效果有时很难分辨出该图像是使用何种软件来进行制作的。以三维动画软件为例，其不但可以制作出二维的CG静帧表现效果，也可以制作出三维的CG静帧表现效果。

1.3.1 色彩概述

色彩是能够引起人们共鸣的、审美愉悦的、最为敏感的形式要素，以视觉的方式来影响人们的情感。色彩可以简单分为无彩色系和有彩色系。其中，有彩色系包含色相、纯度和明度这三个基本特征；无彩色系则由白色、黑色和灰色组成，无彩色系的颜色只有一种基本性质——明度。无彩色系不具备色相和纯度的性质，也就是说色相与纯度在理论上都等于零。

自然界中的物体颜色在很大程度上还受其自身表面肌理和物理属性的影响而给人以不同的视觉效果，例如相同颜色的玻璃、布料和玉石给人的视觉差异是很大的。同时，物体的表面色还跟环境有着很大的关系，例如同样的建筑在清晨、黄昏及夜晚霓虹灯的照射下，其自身的颜色与周围的环境光有机融合，会给人以色彩缤纷的视觉体验。

1.3.2 色彩运用

通过下面几张图像的用色可以理解色彩运用在CG静帧作品中的重要性。

色彩的冷暖对比在夜景中的效果表现如图1-7所示。

图1-7

将画面中的颜色偏向某一个色系可以给人以不同的氛围感受，如图1-8所示。

明快的色彩较易带给人心情愉悦的感受，如图1-9所示。

有彩色系与无彩色系的CG静帧画面对比如图1-10所示。

图1-8

图1-8（续）

图1-10（续）

将三维场景渲染出风格化的特殊效果如图1-11所示。

图1-9

图1-11

1.4　CG静帧表现中的光线运用

1.4.1　光线概述

光线无处不在，人们对于光线的习惯性使得很少有人去真正地对其进行思考。在日常生活中，

图1-10

光线的强弱严重影响人们的休息、工作、心情及人们感知事物的方式。光线遵循很多规律，其中一些与制作CG静帧图像密切相关，例如平方反比定律解释了光线如何随着距离的增加而衰弱；反射定律解释了光线如何从一个物体的表面进行反射；折射定律则在我们制作透明的玻璃、酒水、宝石等物体材质时显得非常重要。要想成为一名合格的CG灯光师，则必须深入研究光线，在设置三维场景的灯光前最好先收集一定的相关照片素材，并有计划地设置合理的灯光，这样才有利于在三维软件中模拟出真实的光线效果。

1.4.2 光线运用

通过下面几张图像的光线效果可以理解光线运用在CG静帧作品中的重要性。

不同时间段的日光对于建筑所产生的照射效果表现如图1-12所示。

图1-12

不同灯具所产生的室内照明效果如图1-13所示。

图1-13

晴天与雾天所产生的光线照明效果如图1-14所示。

图1-14

阳光与灯具所产生的照明效果对比如图1-15所示。

图1-15

第 2 章

别墅展示——室外环境表现技术

2.1 实例简介

　　本实例通过制作一个别墅的外观展示来讲解 Maya中常见的建筑材质及室外灯光的设置技巧，本章实例的最终完成效果如图2-1所示，线框效果图如图2-2所示。

图2-1

图2-2

　　启动Maya2023软件，打开本书配套场景文件"别墅.mb"，如图2-3所示。

图2-3

2.2 设置模型材质

　　本场景中涉及的材质主要有墙体材质、水泥材质、玻璃材质、瓦片材质、树叶材质及烟囱砖墙材质。

2.2.1 制作墙体材质

　　本实例中的墙体材质渲染结果如图2-4所示。

图2-4

▶01 在场景中选择墙体模型，如图2-5所示。

图2-5

▶02 单击"渲染"工具架上的"标准曲面材质"图标，如图2-6所示。

图2-6

▶03 在"基础"卷展栏中，单击"颜色"后面的方形按钮，如图2-7所示。

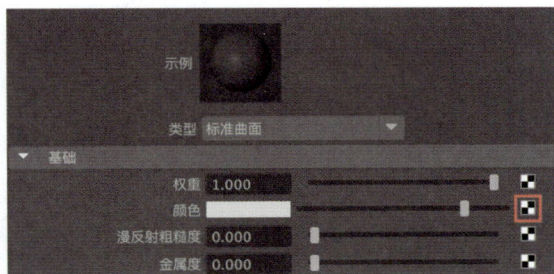

图2-7

▶04 在弹出的"创建渲染节点"对话框中单击"文件"图标，如图2-8所示。

▶05 在"文件属性"卷展栏中，单击"图像名称"后面的文件夹按钮，浏览并添加本书配套资源"砖墙.jpg"贴图文件，制作出地板材质的表面纹理，如图2-9所示。

▶06 在"镜面反射"卷展栏中，设置"粗糙度"为0.3，增加一点墙体材质的镜面反射效果，如图2-10所示。

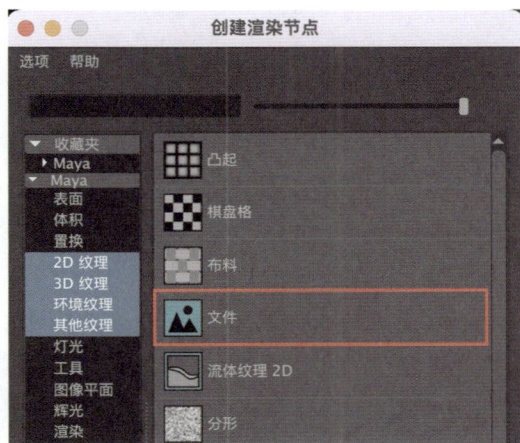

图2-8

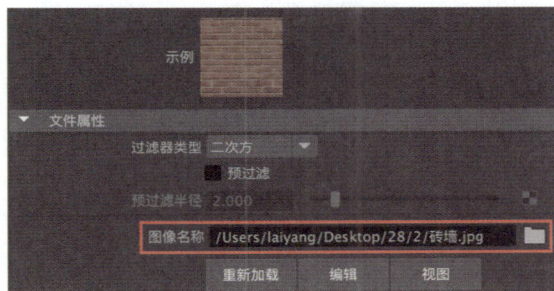

图2-9

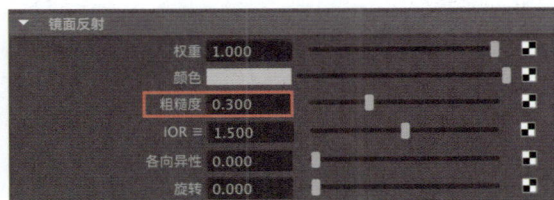

图2-10

提示　注意，在输入参数数值时，Maya软件会自动将数值的精度显示为小数点后三位。

▶07 展开"几何体"卷展栏，在"凹凸贴图"后面的文本框内输入"file1"，如图2-11所示，即可将"基础"卷展栏内"颜色"所使用的贴图文件连接到"凹凸贴图"属性上。

图2-11

▶**08** 在"2D凹凸属性"卷展栏中，设置"凹凸深度"为10，用来控制材质凹凸的程度，如图2-12所示。

图2-12

▶**09** 制作完成后的墙体材质球显示结果如图2-13所示。

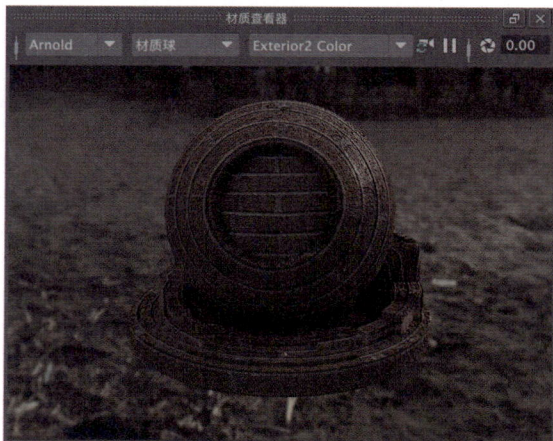
图2-13

2.2.2　制作水泥材质

　　本实例中的水泥材质渲染结果如图2-14所示。

▶**01** 在场景中选择台阶旁边的墙体模型，如图2-15所示。为其指定标准曲面材质。

图2-14

图2-15

▶**02** 在"基础"卷展栏中，设置"颜色"为灰色。在"镜面反射"卷展栏中，设置"粗糙度"为0.6，如图2-16所示。其中，"颜色"的参数设置如图2-17所示。

▶**03** 展开"几何体"卷展栏，单击"凹凸贴图"后面的方形按钮，如图2-18所示。

▶**04** 在弹出的"创建渲染节点"对话框中单击"噪波"图标，如图2-19所示。

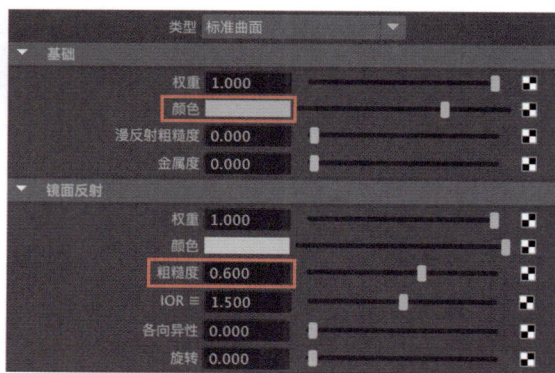
图2-16

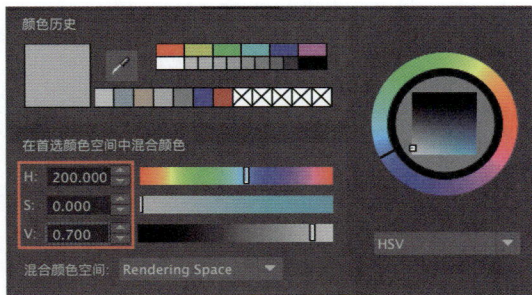

图2-17

图2-18

图2-19

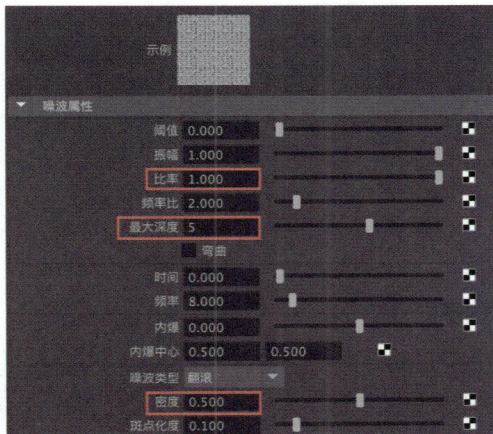

图2-20

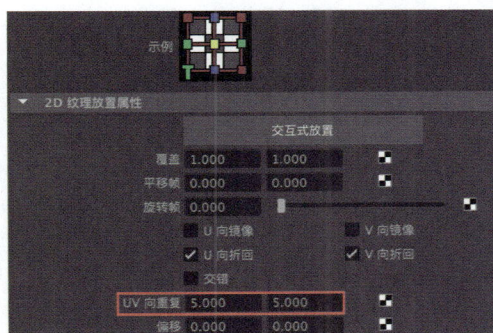

图2-21

图2-22

05 在"噪波属性"卷展栏中,设置"比率"为1,"最大深度"为5,"密度"为0.5,增加噪波的纹理细节,如图2-20所示。

06 在"2D纹理放置属性"卷展栏中,设置"UV向重复"为(5,5),如图2-21所示。

07 在"2D凹凸属性"卷展栏中,设置"凹凸深度"为20,用来控制材质凹凸的程度,如图2-22所示。

08 制作完成后的水泥材质球显示结果如图2-23所示。

图2-23

技术专题——"噪波"渲染节点命令解析

"噪波"渲染节点通过在单位面积内叠加大小、数量不等的椭圆形来得到较为随机的纹理效果，通常可以用来模拟贴图的表面纹理及凹凸质感，是使用频率较高的一种贴图纹理。其命令参数主要分布于"噪波属性"卷展栏内。

展开"噪波属性"卷展栏，其中的参数设置如图2-24所示。

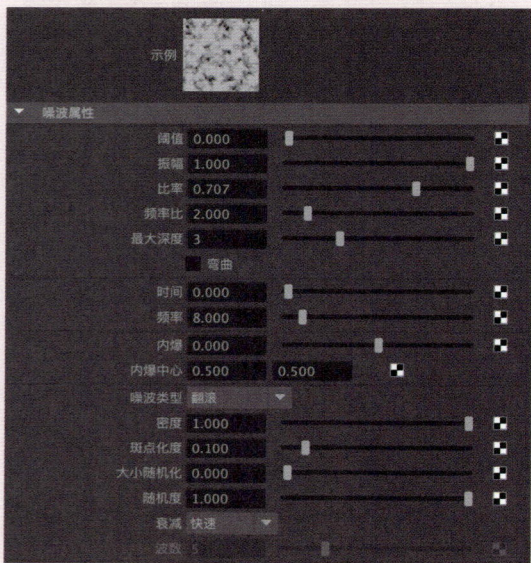

图2-24

工具解析

- **阈值**：添加到整个分形效果的数值，使噪波的分形效果均匀提亮。如图2-25所示为该值分别是0和0.5的"噪波"纹理显示结果对比。

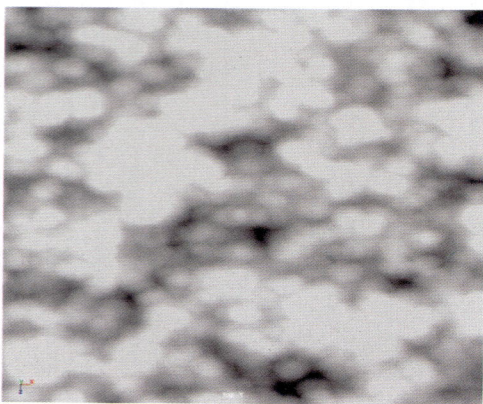

图2-25

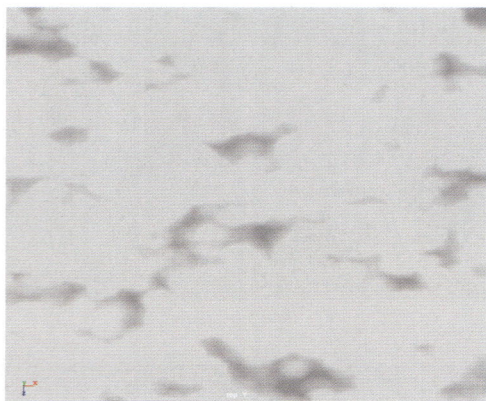

图2-25（续）

- **振幅**：应用到纹理中的所有值的比例因子，提高该值可以使得噪波的纹理对比度增强。如图2-26所示为该值分别是1和2的"噪波"纹理显示结果对比。

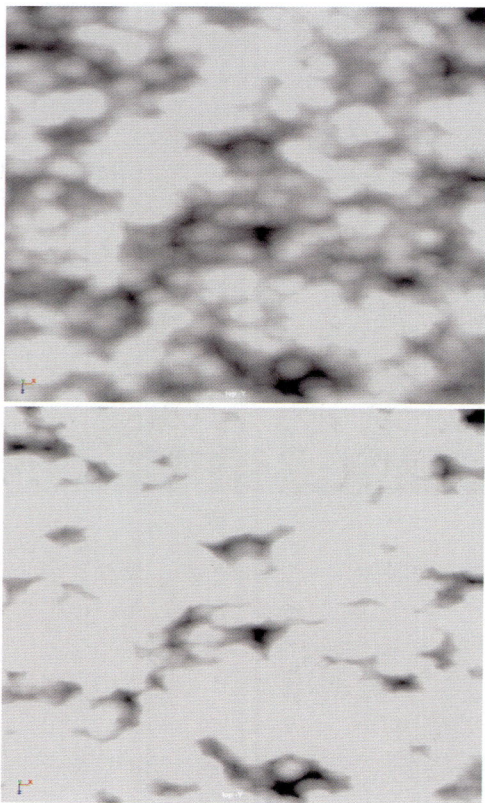

图2-26

- **比率**：控制分形噪波频率。增大该值将提高分形细节的细度，如图2-27所示为该值分别是0和0.1的"噪波"纹理显示结果对比。

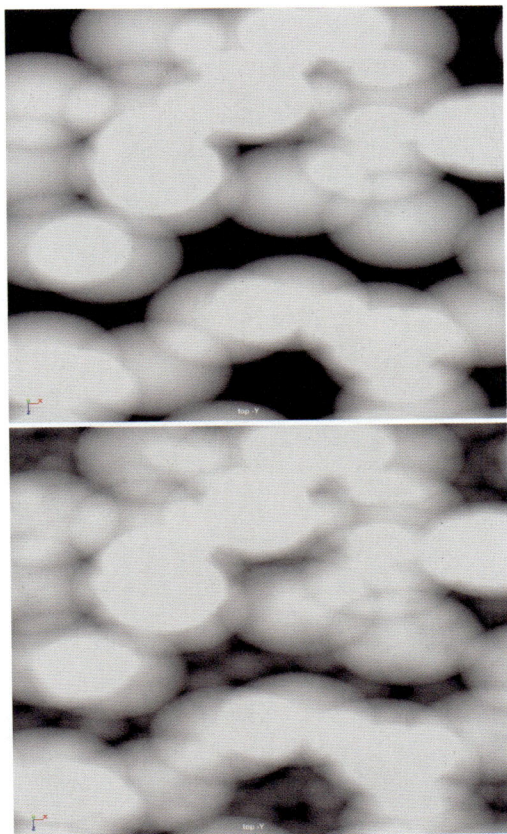

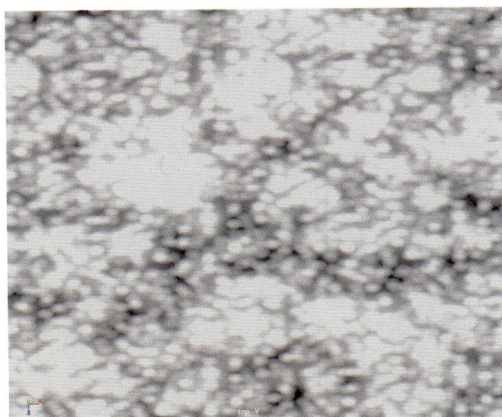

图2-28（续）

图2-27

- 频率比：确定噪波频率的相对空间比例，如图2-28所示为该值分别是1和3的"噪波"纹理显示结果对比。

- 最大深度：提高该值可以增加"噪波"纹理的细节，如图2-29所示为该值分别是2和6的"噪波"纹理显示结果对比。

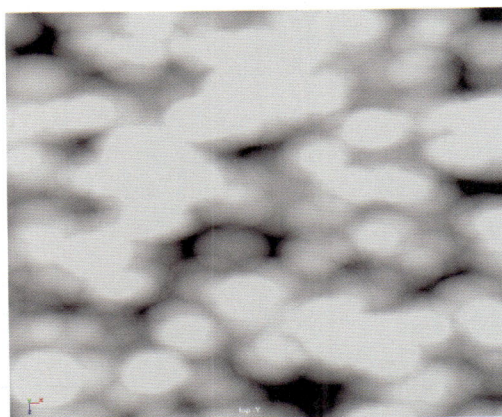

图2-29

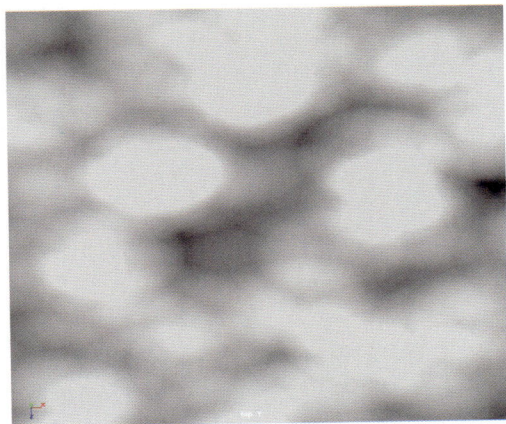

图2-28

- 弯曲：在噪波函数中应用折点。对于创建蓬松或凹凸效果非常有用。

- 时间：通过更改形成噪波纹理的椭圆形的位置来设置"噪波"纹理的动画效果。

- 频率：控制单位面积内的噪波纹理大小。

- 内爆：以围绕"内爆中心"定义的点的位置

开始扭曲噪波纹理，如图2-30所示为应用了"内爆"值前后的"噪波"纹理显示结果对比。

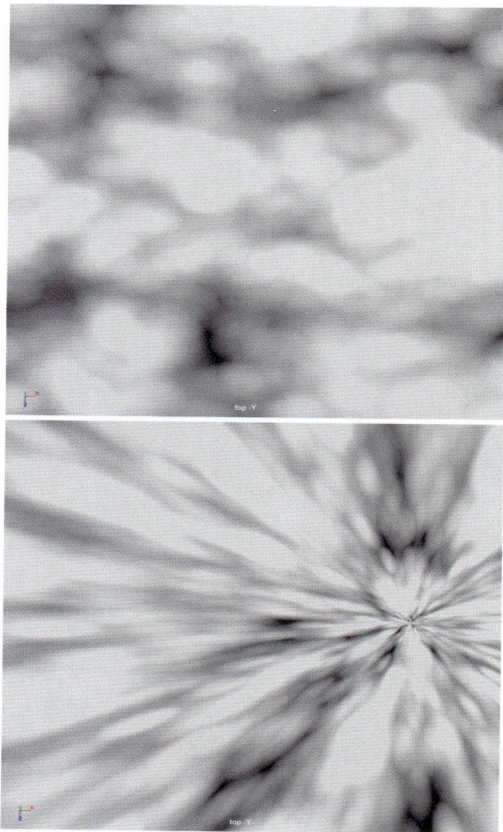

图2-30

- **内爆中心**：定义内爆效果中心点的坐标位置。
- **噪波类型**：确定要在分形迭代过程中使用的噪波类型，有"柏林噪波""翻滚""波浪""束状"和"空间时间"5种类型，如图2-31所示。

图2-31

- **密度**：控制单位面积内构成噪波纹理的椭圆形的大小，如图2-32所示为该值分别是0.1和

0.3的"噪波"纹理显示结果对比。

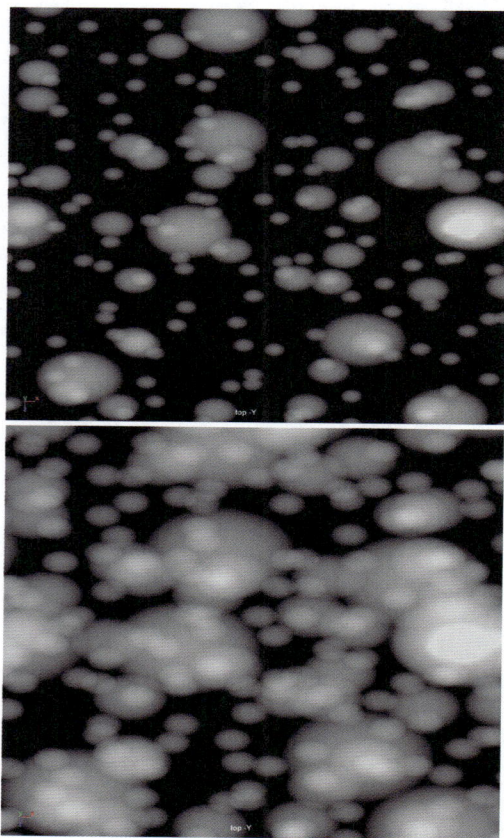

图2-32

- **斑点化度**：设置"翻滚"噪波类型所用的各个单元的密度随机化效果。
- **大小随机化**：设置"翻滚"噪波类型所用的各个水滴的大小随机化。
- **随机度**：控制"翻滚"噪波类型的单元相互之间相对的排列方式。
- **衰减**：控制"翻滚"噪波类型的各个水滴强度衰减的方式。
- **波数**：确定要为"波浪"噪波类型生成的波浪数量。该数字越大，随机外观越多，纹理越慢。

2.2.3　制作玻璃材质

本实例中的窗户玻璃材质渲染结果如图2-33所示。

图2-33

▶01 在场景中选择窗户玻璃模型，如图2-34所示。为其指定标准曲面材质。

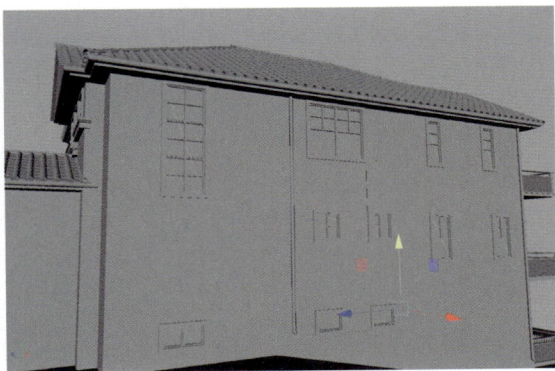

图2-34

▶02 在"镜面反射"卷展栏中，设置"粗糙度"为0，如图2-35所示。

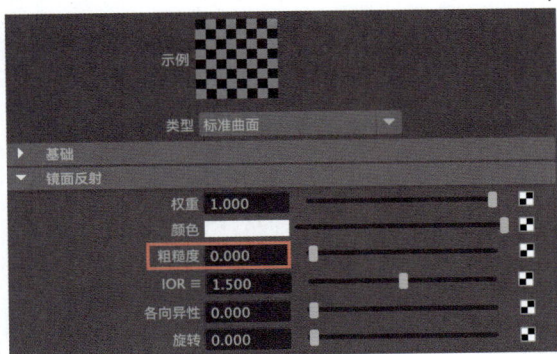

图2-35

提示　在"镜面反射"卷展栏中，还有一个参数叫IOR，代表材质的折射率。该值默认值为1.5，为玻璃的折射率，所以在本

实例中无须修改该参数。如果想制作其他透明材质，则需要调整该参数。

另外，需注意IOR参数后面有一个3条线的标志，也就是说该参数有下拉菜单供用户选择使用。将光标放置到该参数上并单击时，就可以显示出这个菜单，在这里可以选择Maya为用户提供的其他常用透明材质的折射率，如图2-36所示。

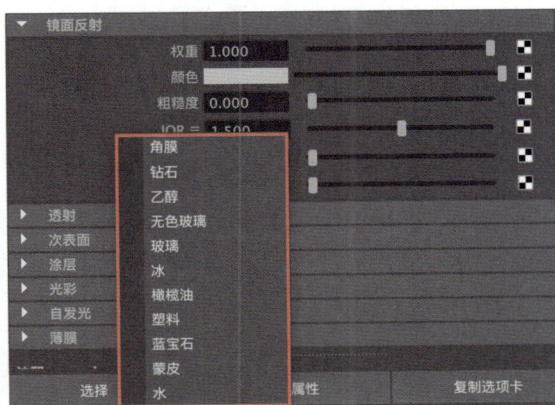

图2-36

▶03 在"透射"卷展栏中，设置"权重"为1，如图2-37所示。

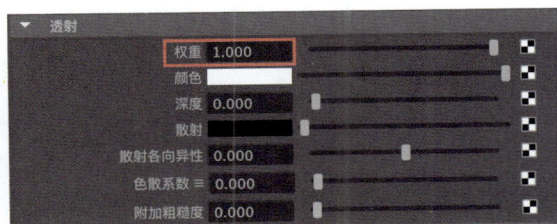

图2-37

提示　在"透射"卷展栏中，"色散系数"后面也有一个3条线的标志，单击该命令即可看到隐藏的下拉菜单，如图2-38所示。

▶04 制作完成后的玻璃材质球显示结果如图2-39所示。

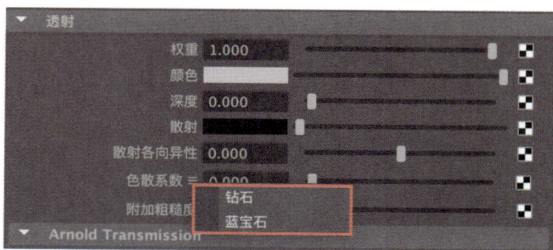

图2-38

图2-39

2.2.4 制作瓦片材质

本实例中的瓦片材质渲染结果如图2-40所示。

图2-40

▶**01** 在场景中选择瓦片模型，如图2-41所示。为其指定标准曲面材质。

▶**02** 在"基础"卷展栏中，设置"颜色"为蓝

色。在"镜面反射"卷展栏中，设置"粗糙度"为0.1，如图2-42所示。其中，"颜色"的参数设置如图2-43所示。

图2-41

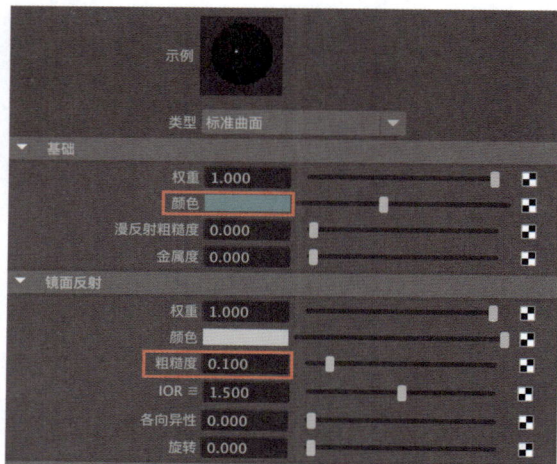

图2-42

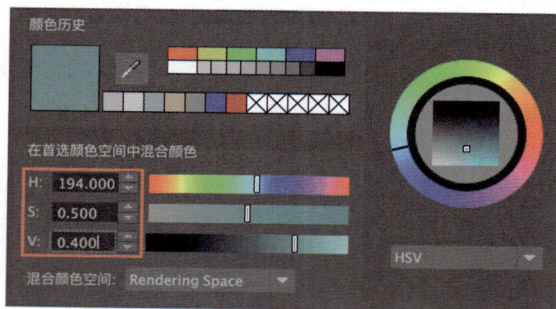

图2-43

▶**03** 制作完成后的瓦片材质球显示结果如图2-44所示。

图2-44

2.2.5 制作树叶材质

本实例中的树叶材质渲染结果如图2-45所示。

图2-45

01 在场景中选择树叶模型，如图2-46所示。为其指定标准曲面材质。

图2-46

02 在"基础"卷展栏中，单击"颜色"后面的

方形按钮，如图2-47所示。

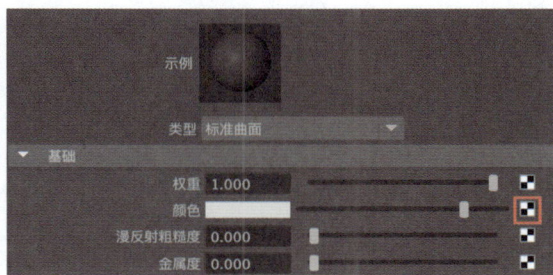

图2-47

03 在弹出的"创建渲染节点"对话框中单击"文件"图标，如图2-48所示。

图2-48

04 在"文件属性"卷展栏中，单击"图像名称"后面的文件夹按钮，浏览并添加本书配套资源"叶片2.JPG"贴图文件，制作出叶片材质的表面纹理，如图2-49所示。

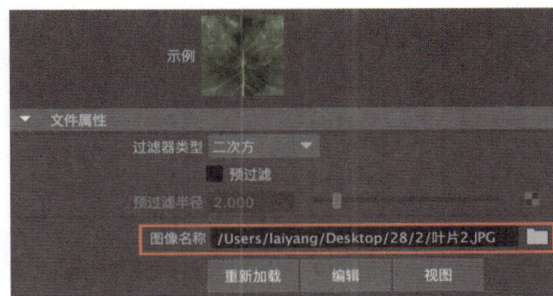

图2-49

05 在"镜面反射"卷展栏中，设置"粗糙度"为0.5，如图2-50所示。

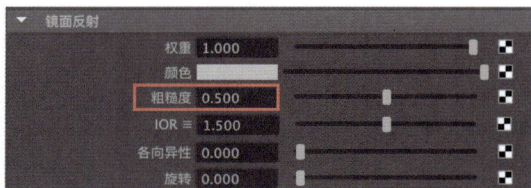

图2-50

▶06 在"几何体"卷展栏中，单击"不透明度"后面的方形按钮，如图2-51所示。

图2-51

▶07 在弹出的"创建渲染节点"对话框中单击"文件"图标，如图2-52所示。

图2-52

▶08 在"文件属性"卷展栏中，单击"图像名称"后面的文件夹按钮，浏览并添加本书配套资源"叶片2透明.jpg"贴图文件，制作出叶片材质的透明效果，如图2-53所示。

图2-53

▶09 制作完成后的树叶材质球显示结果如图2-54所示。

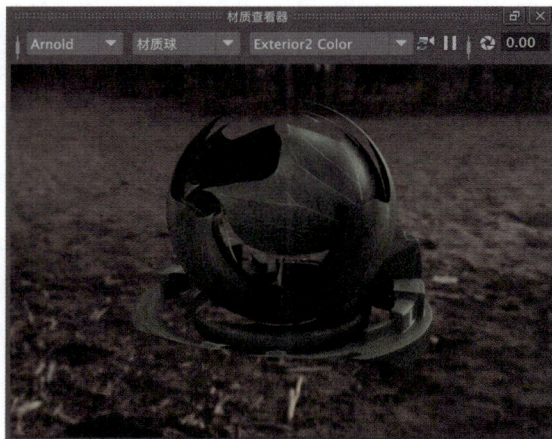

图2-54

2.2.6　制作烟囱砖墙材质

本实例中的烟囱砖墙材质渲染结果如图2-55所示。

图2-55

▶01 在场景中选择烟囱模型，如图2-56所示，并为其指定标准曲面材质。

▶02 在"基础"卷展栏中，单击"颜色"后面的方形按钮，如图2-57所示。

▶03 在弹出的"创建渲染节点"对话框中单击"文件"图标，如图2-58所示。

▶04 在"文件属性"卷展栏中，单击"图像名称"后面的文件夹按钮，浏览并添加本书配套资源"砖墙C.jpg"贴图文件，制作出砖墙材质的表面纹理，如图2-59所示。

▶05 在"镜面反射"卷展栏中，设置"粗糙度"为0.3，如图2-60所示。

▶06 制作完成后的烟囱砖墙材质球显示结果如图2-61所示。

图2-56

图2-57

图2-58

图2-59

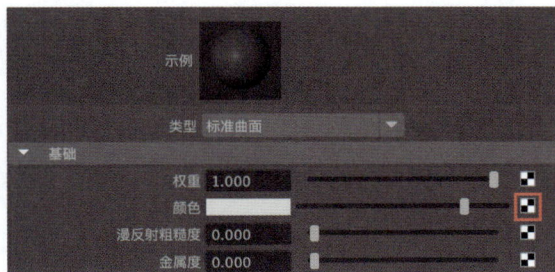

图2-60

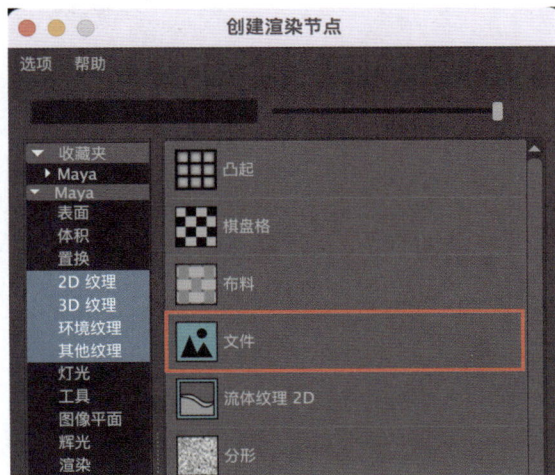

图2-61

2.3　设置灯光

2.3.1　制作阳光照明效果

▶01 在Arnold工具架中，单击Create Physical Sky（创建物理天空）图标，如图2-62所示，在场景中创建一个Arnold渲染器，为用户提供物理天空灯光，如图2-63所示。

▶02 渲染场景，添加了物理天空灯光后的渲染结果如图2-64所示。从渲染结果上看，画面的整体光线较暗，很多细节看不清楚。

图2-62

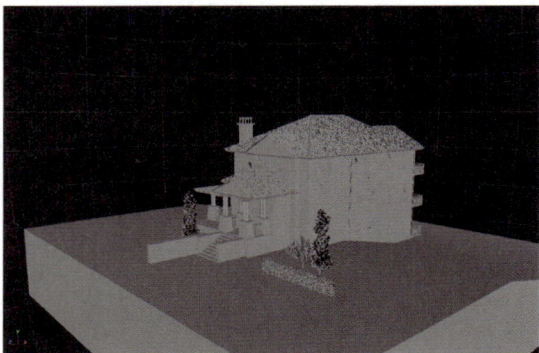

图2-63

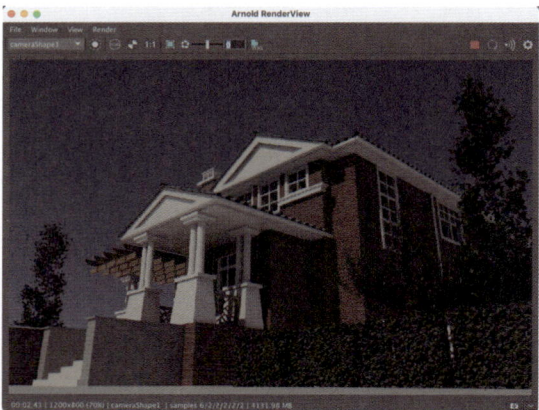

图2-64

图2-65

图2-66

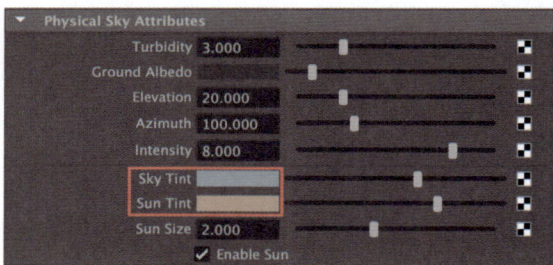

图2-67

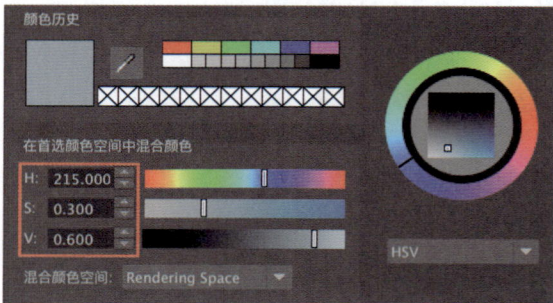

图2-68

▶03 在"属性编辑器"面板中，展开Physical Sky Attributes（物理天空属性）卷展栏，设置Elevation（海拔）为20，Azimuth（方位）为100，Intensity（强度）为8，Sun Size（太阳大小）为2，如图2-65所示。

▶04 设置完成后，渲染场景，渲染结果如图2-66所示。可以看到画面的亮度明显提升了，并且阳光的照射角度也发生了变化。

▶05 在Physical Sky Attributes（物理天空属性）卷展栏中，设置Sky Tint（天空色调）为浅蓝色，Sun Tint（太阳色调）为浅黄色，Sun Size（太阳大小）为2，如图2-67所示。其中，Sky Tint（天空色调）和Sun Tint（太阳色调）的参数设置如图2-68和图2-69所示。

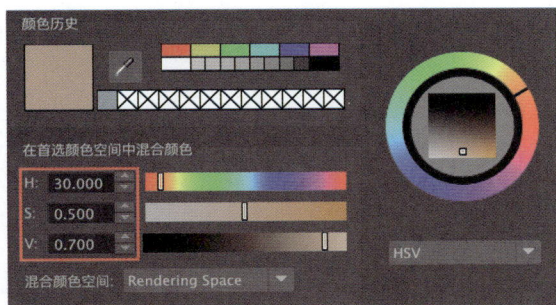

图2-69

▶06 设置完成后，渲染场景，渲染结果如图2-70所示。可以看到现在画面中天空的颜色会更蓝，阳光照在建筑物上的颜色也更黄一些。

▶07 在Arnold RenderView（Arnold渲染视口）中，单击右上角的齿轮形状的Display Settings（显示设置）按钮，在Display（显示）选项卡中设置

Gamma为1.7，可以提高一点渲染图像的亮度，如图2-71所示。

▶08 设置完成后，渲染结果如图2-72所示。

图2-70

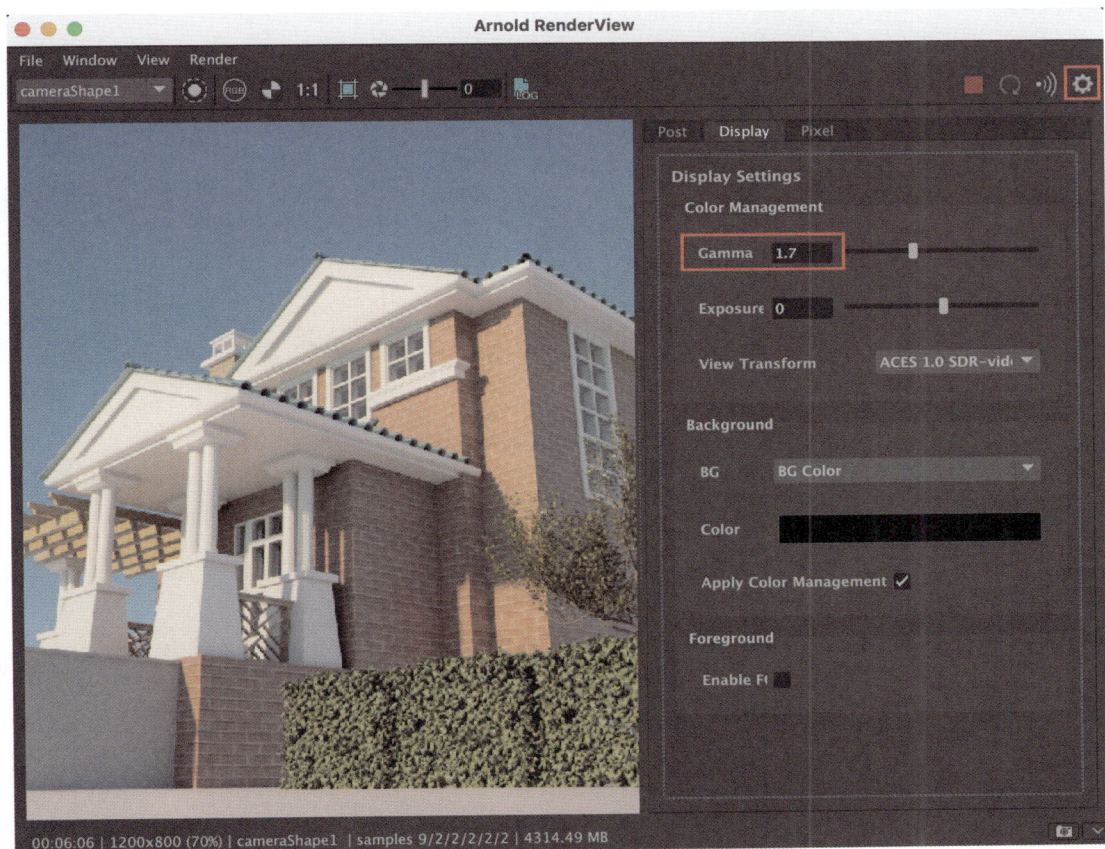

图2-71

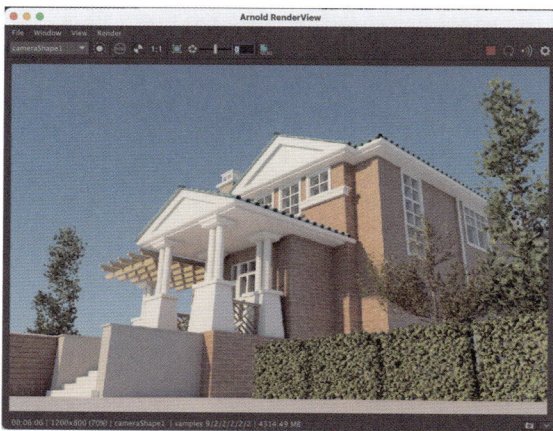

图2-72

技术专题——物理天空灯光参数解析

在场景中创建物理天空灯光后，"属性编辑器"面板会自动打开aiPhysicalSky选项卡，其参数设置如图2-73所示。

图2-74

图2-73

工具解析：

- Turbidity：控制天空的大气浊度，如图2-74所示分别为该值是1和10的渲染图像结果对比。
- Ground Albedo：控制地平面以下的大气颜色。
- Elevation：设置太阳的高度。值越高，太阳的位置越高，天空越亮，物体的影子越短；反之太阳的位置越低，天空越暗，物体的影子越长。如图2-75所示为该值分别是5和50的渲染结果对比。

图2-75

- Azimuth：设置太阳的方位。如图2-76所示为该值分别是120和280的渲染结果对比。
- Intensity：设置太阳强度的倍增值。
- Sky Tint：用于设置天空的色调，默认为白色。将Sky Tint的颜色调试为黄色，如图2-77所示，渲染结果如图2-78所示，可以用来模拟沙尘天气效果；将Sky Tint的颜色调试为蓝色，如图2-79所示，渲染结果如图2-80所示，可以加强天空的色彩饱和度，使得渲染出来的画面更加艳丽，从而显得天空更加晴朗。

- Sun Tint：用于设置太阳色调，使用方法与Sky Tint极为相似。

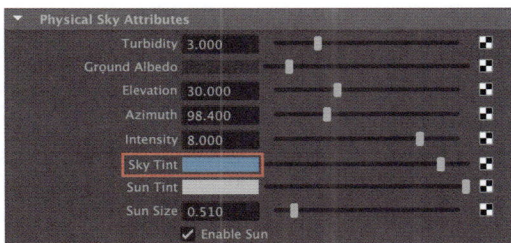
图2-79

图2-76

图2-80

- Sun Size：设置太阳的大小，如图2-81所示为该值分别是2和5的渲染结果对比。此外，该值还会对物体的阴影产生影响，值越大，物体的投影越虚。

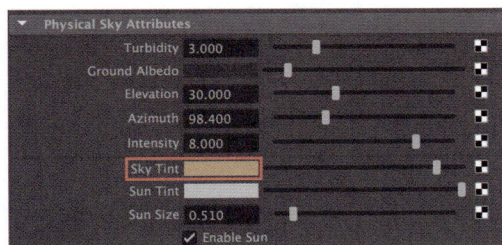
图2-77

图2-78

图2-81

● **Enable Sun**：勾选该复选框开启太阳计算，默认为勾选状态。如果取消勾选该复选框，可以用于模拟阴天的光照效果。如图2-82所示分别为勾选该复选框前后的渲染结果对比。

图2-82

2.3.2　为场景添加云层

天空环境制作完成后，接下来，为天空添加云层细节。

▶01 将菜单栏显示切换至FX选项，如图2-83所示。

图2-83

▶02 执行"效果"｜"获取效果资产"命令，如图2-84所示。打开"内容浏览器"面板，如图2-85所示。

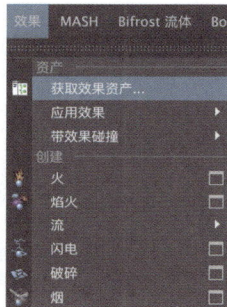

图2-84

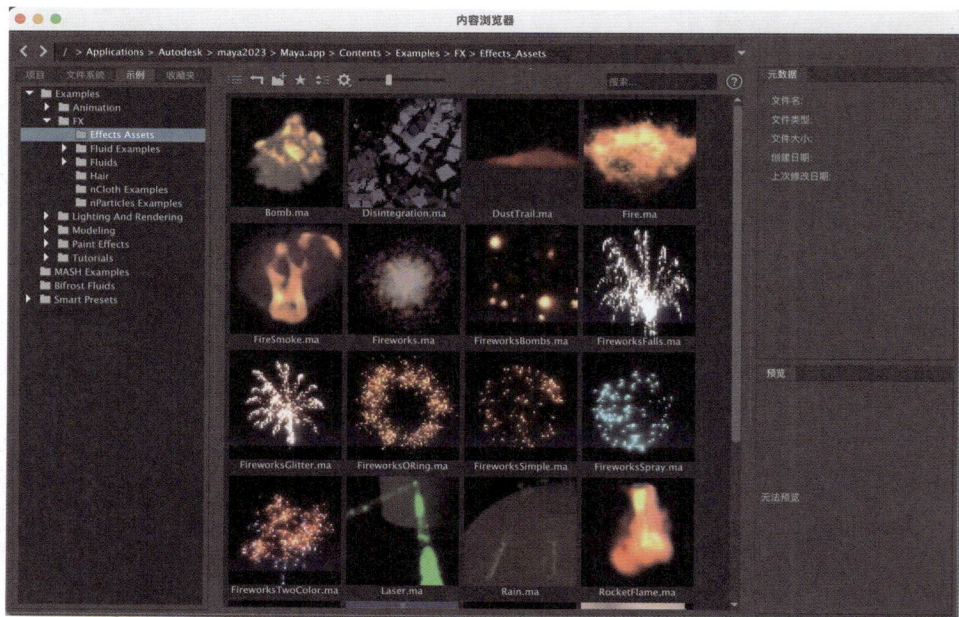

图2-85

▶03 在"内容浏览器"面板左侧的"示例"选项卡中，执行Examples｜FX｜Fluid Examples｜Clouds And Fog命令，即可找到Maya为用户提供的云场景示例文件，如图2-86所示。

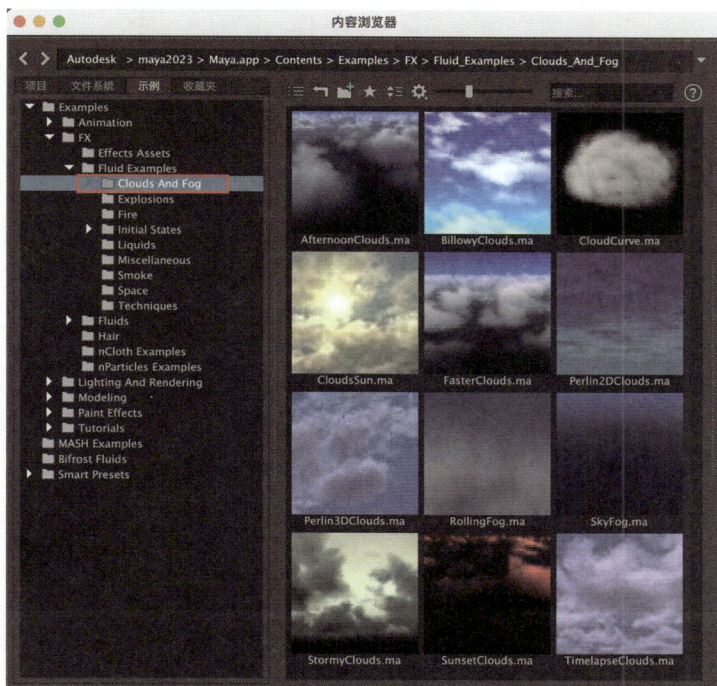

图2-86

▶04 在"内容浏览器"面板中，选择最后一个文件，右击并执行"导入"命令，将其导入当前场景，如图2-87所示。

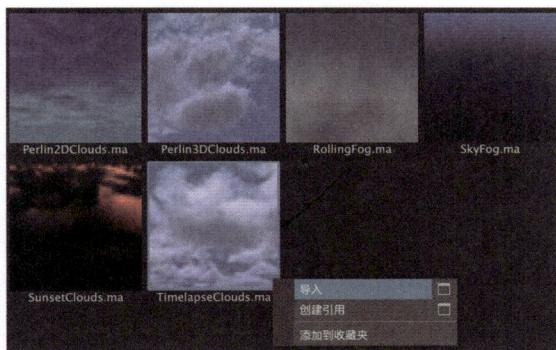

图2-87

▶05 在"大纲视图"面板中，可以通过查找名称的方式快速找到导入的场景文件的平行光，如图2-88所示。然后按F键，则可以在场景中快速显示出所选择的对象，如图2-89所示。

▶06 选择场景中导入进来的灯光、霾和摄影机，如图2-90所示。按Delete键，对其进行删除操作，

仅保留导入进来的流体云，如图2-91所示。

▶07 选择场景中的流体云，在"通道盒/层编辑器"面板中，对其参数进行调整，如图2-92所示。设置完成后，流体云的大小及位置如图2-93所示。

▶08 设置完成后，渲染场景，渲染结果如图2-94所示。通过渲染图像可以看到，天空中增加了云层效果。

图2-88

图2-89

图2-93

图2-90

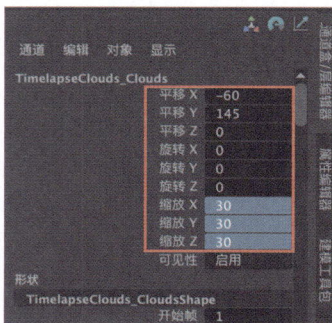
图2-94

图2-91

2.4 渲染设置

▶01 打开"渲染设置"面板，在"公用"选项卡中，展开"图像大小"卷展栏，设置"宽度"为2400，"高度"为1600，如图2-95所示。

图2-92

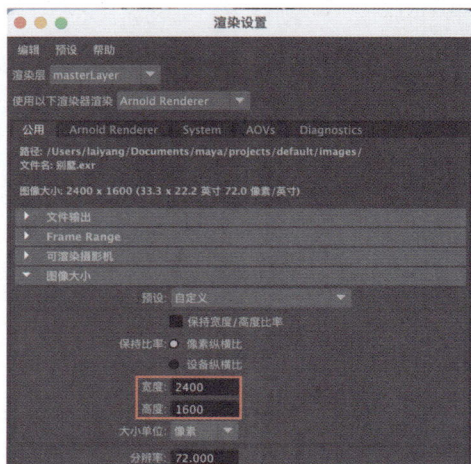
图2-95

02 在Arnold Renderer选项卡中，展开Sampling（采样）卷展栏，设置Camera（AA）的值为9，提高渲染图像的计算采样精度，如图2-96所示。

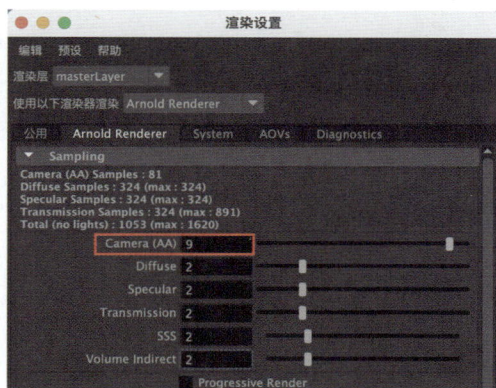

图2-96

03 设置完成后，渲染场景，渲染结果如图2-97所示。

图2-97

> **提示**　在Display（显示）选项卡中更改了图像的Gamma值或Exposure值后，如图2-98所示，在保存图像之前，需要先执行File（文件）| Save Image Options（保存图像选项）命令，如图2-99所示。

在系统自动弹出的Save Image Options（保存图像选项）对话框中，勾选Apply Gamma/Exposure（应用伽马/曝光）复选框，如图2-100所示。然后再保存图像，就可以将更改了伽马/曝光值的图像保存到计算机硬盘。

图2-98

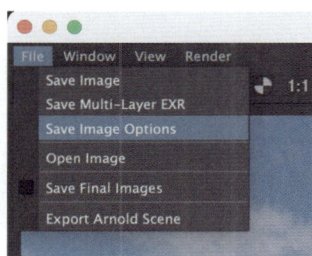

图2-99

图2-100

第3章 蘑菇——次表面散射表现技术

3.1 实例简介

本实例是一幅表现昏暗灯光透过半透明的蘑菇为主体的三维动画场景，实例最终完成效果如图3-1所示。

图3-1

在进行项目制作之前，首先需要对所要进行制作的项目进行资料收集，如图3-2所示为使用相机拍摄的一幅丛生的蘑菇照片。

图3-2

3.2 制作模型材质

本场景中涉及的材质主要有蘑菇材质石头材质、小草叶片材质、三叶草材质等。

3.2.1 制作蘑菇材质

在本实例中，蘑菇材质要重点突出蘑菇的颜色、纹理及透光性等质感表现，如图3-3所示。

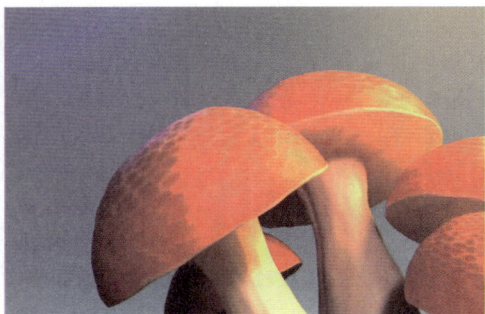

图3-3

▶01 在场景中选择蘑菇模型，如图3-4所示。

▶02 单击"渲染"工具架上的"标准曲面材质"图标，如图3-5所示。

▶03 在"基础"卷展栏中，单击"颜色"后面的方形按钮，如图3-6所示。

▶04 在弹出的"创建渲染节点"对话框中单击"渐变"图标，如图3-7所示。

▶05 在"渐变属性"卷展栏中，设置渐变的色彩，如图3-8所示。需要注意的是，调整颜色的位置时，需要时刻观察场景中蘑菇模型的显示结果，如图3-9所示。

图3-4

图3-5

图3-6

图3-7

图3-8

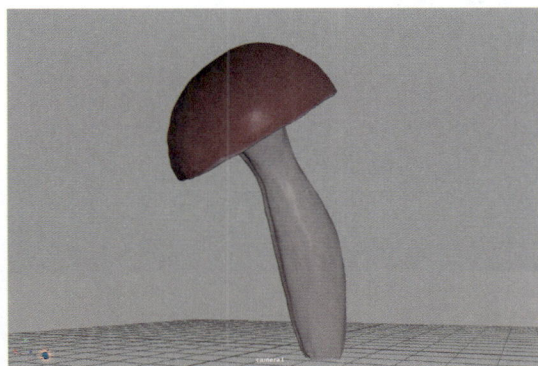

图3-9

▶06 选择渐变图像的最后一个色彩节点，单击"选定颜色"后面的方形按钮，如图3-10所示。

图3-10

▶07 在弹出的"创建渲染节点"对话框中单击"单一噪波"图标，如图3-11所示。

▶08 在"噪波"卷展栏中，设置"比例"为20，将"噪波类型"设置为"细胞"，如图3-12所示。调整完成后，蘑菇模型的材质显示结果如图3-13所示。

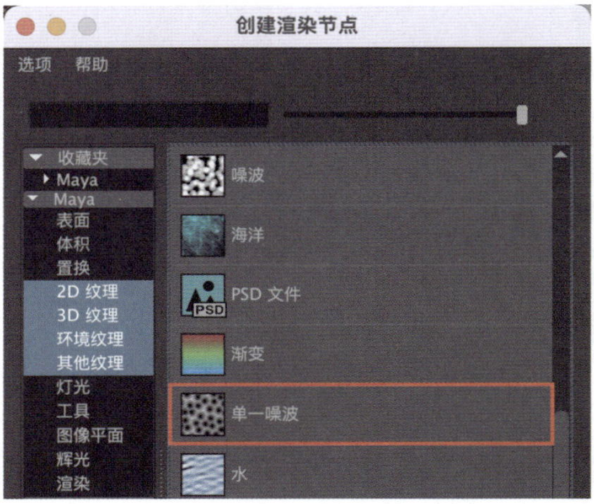

图3-11

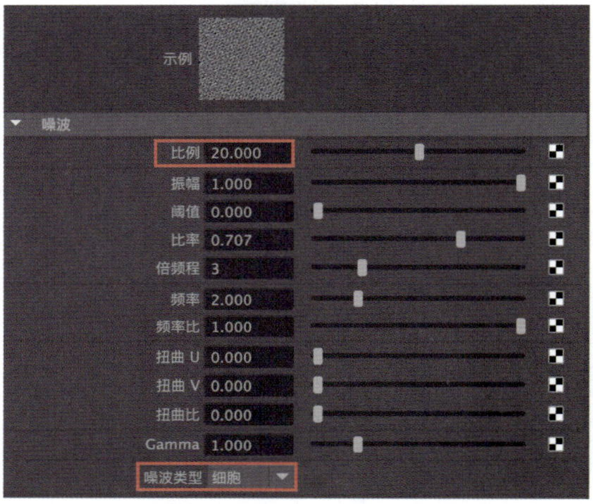

图3-12

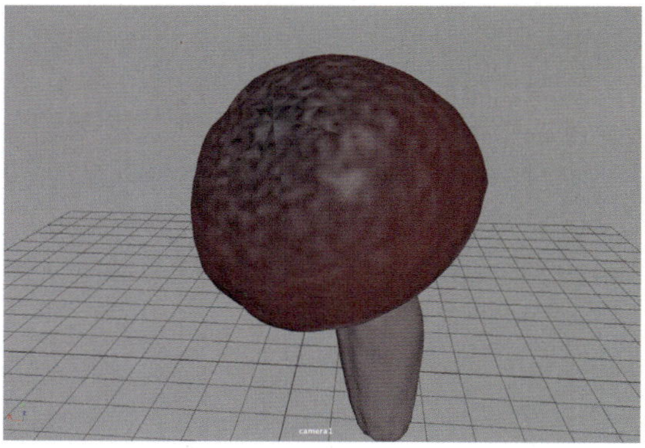

图3-13

▶09 在"镜面反射"卷展栏中，设置"粗糙度"为0.5，降低蘑菇材质的镜面反射效果，如图3-14所示。

▶10 在"几何体"卷展栏中，在"凹凸贴图"后面的文本框内输入"simplexNoise2"后，按Enter

键，即可将"基础"卷展栏内"颜色"属性中，"渐变"渲染节点中所使用的"单一噪波"渲染节点连接到该材质的凹凸贴图属性上，如图3-15所示。

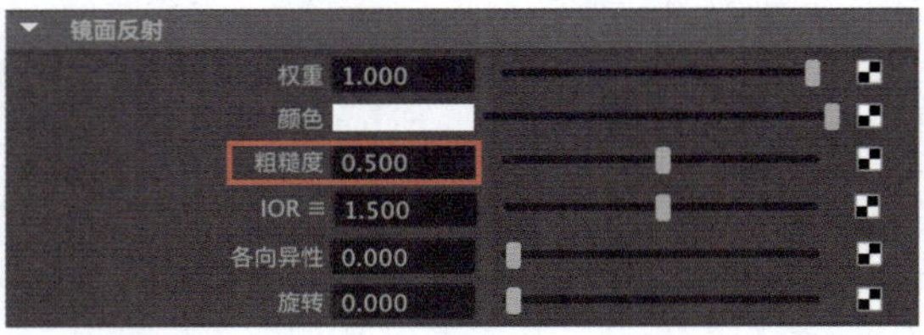

图3-14

图3-15

提示 用户可以在单一噪波选项卡内查看"单一噪波"渲染节点的名称，如图3-16所示。

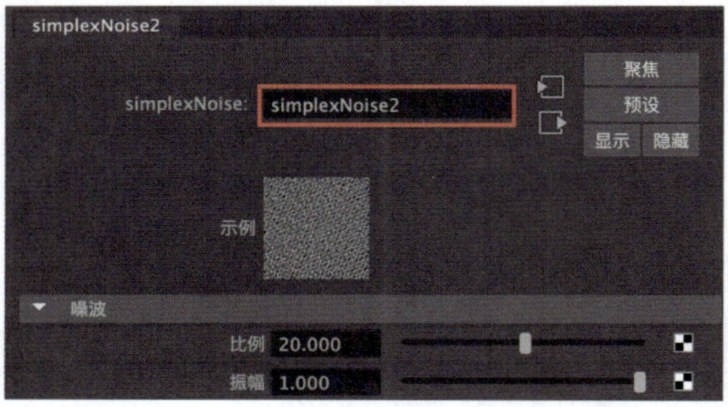

图3-16

▶11 设置完成后，在"凹凸贴图"上右击，在弹出的快捷菜单中执行bump2d3.outNormal命令，如图3-17所示。

▶12 在"2D凹凸属性"卷展栏中，设置"凹凸深度"的值为0.02，调整蘑菇材质的凹凸质感，如图3-18所示。

▶13 在"次表面"卷展栏中，设置"权重"为0.3，"颜色"为橙色，制作出蘑菇材质的次表面散射效果，如图3-19所示。其中，"颜色"的参数设置如图3-20所示。

▶14 设置完成后，蘑菇材质球在"材质查看器"中的计算显示结果如图3-21所示。

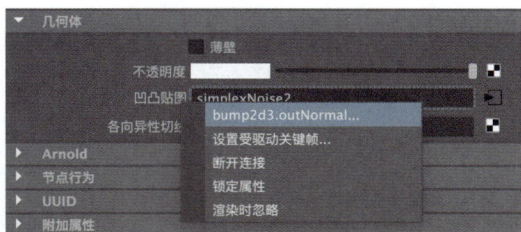

图3-17

图3-18

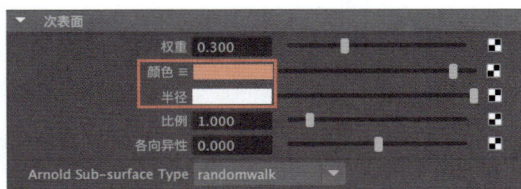

图3-19

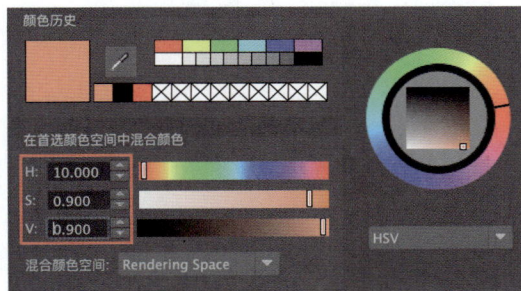

图3-20

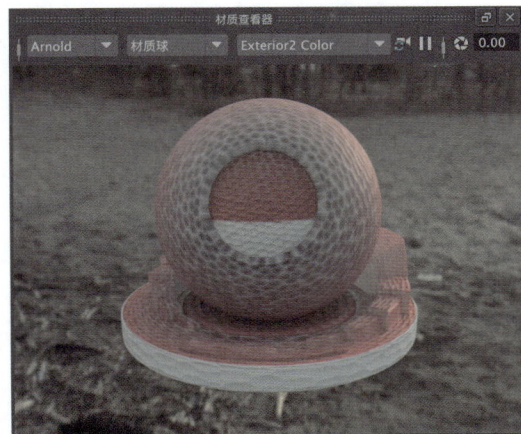

图3-21

技术专题——次表面散射效果解析

次表面散射是用来模拟光线透过物体表面并在其内部所产生的一种散射光学现象，如果仔细留意，可以发现我们身边就有许多带有次表面散射特征的物体，例如相对较薄的生物体部分，如耳朵、手指等部位；蜡烛、玉石、塑料玩具等具有一定透光属性材质的物体；或者是一些通透性不好的液体，例如牛奶、咖啡、果汁等。如图3-22和图3-23所示为使用相机拍摄的两张带有次表面散射效果材质的照片。如图3-24所示为次表面散射光线与反射光线作用于物体表面的示意图。

展开"次表面"卷展栏，其中的参数设置如图3-25所示。

图3-22

图3-23

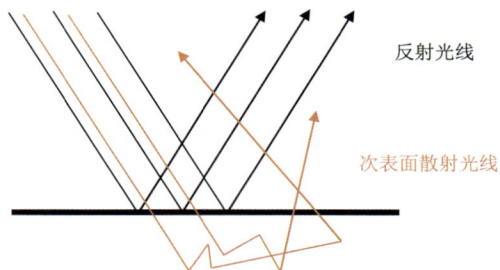

反射光线

次表面散射光线

图3-24

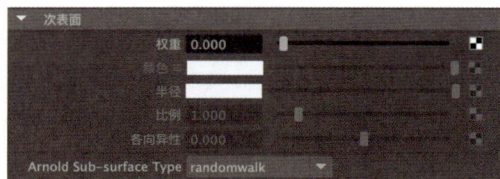

图3-25

图3-26（续）

主要工具解析：

- 权重：在漫反射与次表面散射之间"混合"。设置为 1.0 时，只有次表面散射；设置为 0 时，无次表面散射效果，如图3-26 所示为该值分别是0和1的渲染结果对比。

- 主要颜色：用于确定次表面散射效果的颜色，如图3-27所示分别为调试了不同次表面散射颜色后的模型渲染结果对比。

- 半径：通过颜色及贴图设置光线在曲面之下可以散射的大概距离，也称为"平均自由程"(MFP)，此参数影响光线在再度散射出曲面前在曲面下可能传播的平均距离。如图3-28所示为半径色彩分别是深灰色和白色的渲染结果对比。

图3-26

图3-27

图3-29（续）

3.2.2 制作石头材质

本实例中的石头材质渲染结果如图3-30所示。

图3-30

▶01 在场景中选择石头模型，如图3-31所示。

图3-31

▶02 单击"渲染"工具架上的"标准曲面材质"

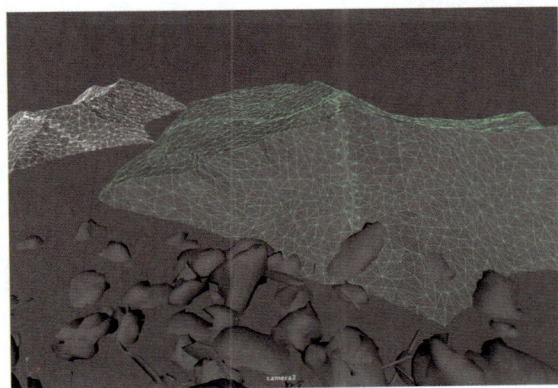

图3-28

- 比例：用来控制光线在再度反射出曲面前在曲面下可能传播的距离。可以扩大散射半径，并增加 SSS 半径颜色，如图3-29所示分别为该值是1和10的渲染结果对比。

图3-29

33

图标，如图3-32所示。

图3-32

▶03 在"基础"卷展栏中，单击"颜色"后面的方形按钮，如图3-33所示。

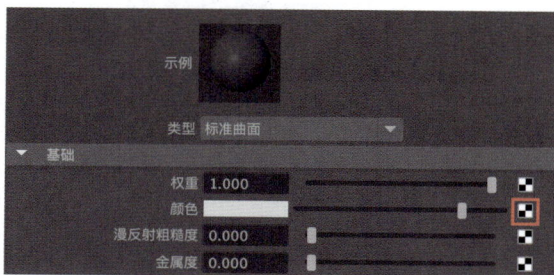
图3-33

▶04 在弹出的"创建渲染节点"对话框中单击"文件"图标，如图3-34所示。

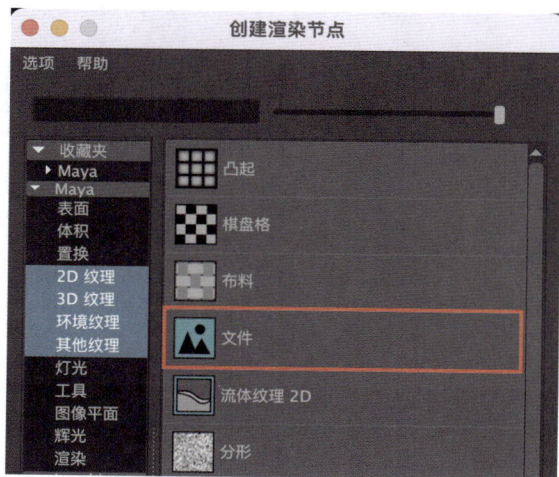
图3-34

▶05 在"文件属性"卷展栏中，单击"图像名称"后面的文件夹按钮，浏览并添加本书配套资源"石头.jpg"贴图文件，制作出石头材质的表面纹理，如图3-35所示。

▶06 在"镜面反射"卷展栏中，设置"粗糙度"为0.5，制作出石头材质的粗糙效果，如图3-36所示。

▶07 设置完成后，石头材质球在"材质查看器"

中的显示结果如图3-37所示。

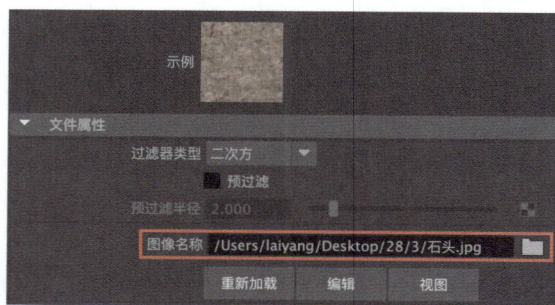
图3-35

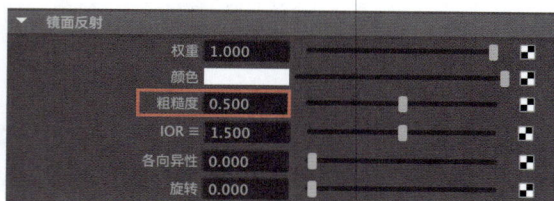
图3-36

图3-37

3.2.3 制作小草叶片材质

本实例中的小草叶片材质渲染结果如图3-38所示。

▶01 在场景中选择小草模型，如图3-39所示。为其指定标准曲面材质。

▶02 在"基础"卷展栏中，设置"颜色"为绿色，如图3-40所示。"颜色"的参数设置如图3-41所示。

▶03 设置完成后，小草叶片材质球在"材质查看器"中的计算显示结果如图3-42所示。

图3-38

图3-39

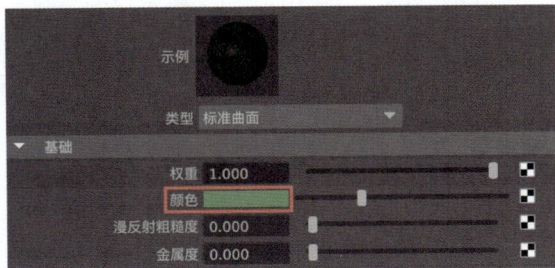

图3-40

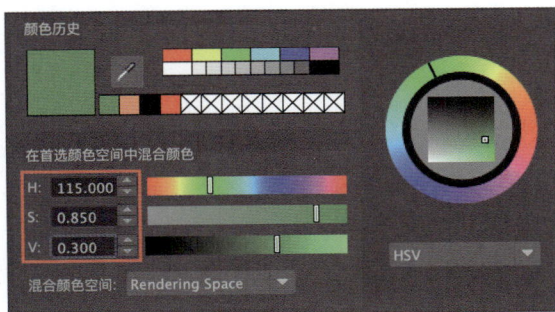

图3-41

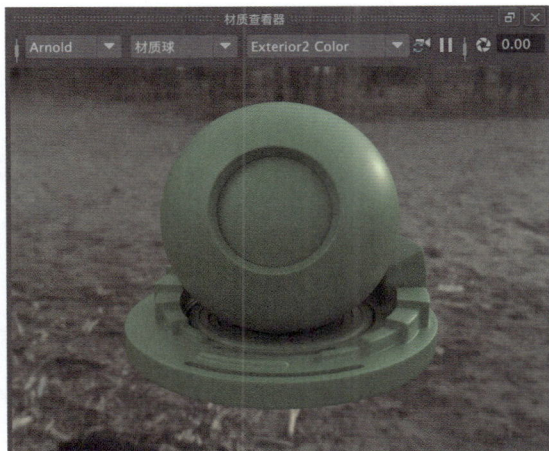

图3-42

▶04 在本实例中，为了加强小草模型渲染结果的层次感，可以考虑随机选择小草模型的部分叶片模型，以赋予不同的颜色来进行实现。选择场景中的小草模型，单击"建模工具包"面板中的"面选择"图标，如图3-43所示。

图3-43

▶05 双击叶片模型上的任意面，则可以选择上整片的叶片模型，接下来按住Shift键，随机选择一些叶片模型，如图3-44所示。

▶06 使用相同的操作为所选择的叶片模型指定标准曲面材质，并更改"基础"卷展栏中的"颜色"为黄绿色，如图3-45所示。

▶07 设置完成后，在"属性编辑器"面板中查看小草模型的材质球设置情况，如图3-46所示。

▶08 设置完成材质效果的小草模型在Maya视图中的颜色显示如图3-47所示。

图3-44

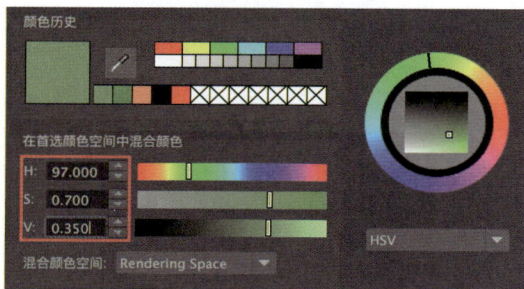

图3-45

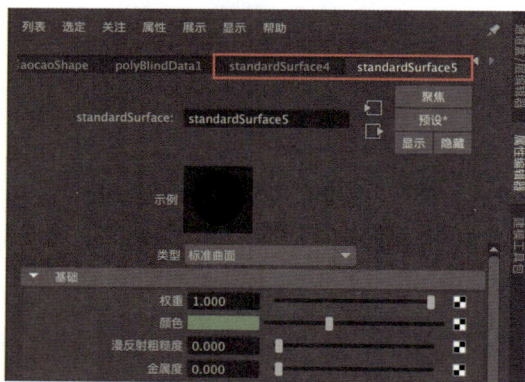

图3-46

图3-47

使用相同的步骤为小草模型多设置几个不同的颜色，可以提高画面的层次感。

3.2.4 制作三叶草材质

本实例中的三叶草材质渲染结果如图3-48所示。

图3-48

▶01 在场景中选择三叶草叶片模型，如图3-49所示。为其指定标准曲面材质。

图3-49

▶02 在"基础"卷展栏中，单击"颜色"后面的方形按钮，如图3-50所示。

▶03 在弹出的"创建渲染节点"对话框中单击"文件"图标，如图3-51所示。

▶04 在"文件属性"卷展栏中，单击"图像名称"后面的文件夹按钮，浏览本书配套资源文件"叶片-1.tga"，为三叶草叶片模型材质的颜色属性添加叶片纹理贴图，如图3-52所示。

看器"中的显示结果如图3-54所示。

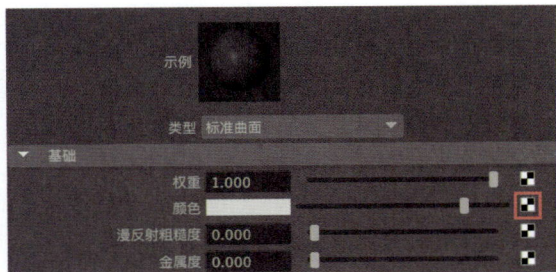

图3-50

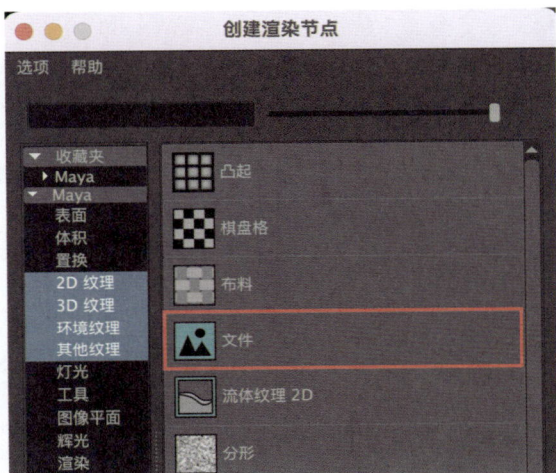

图3-51

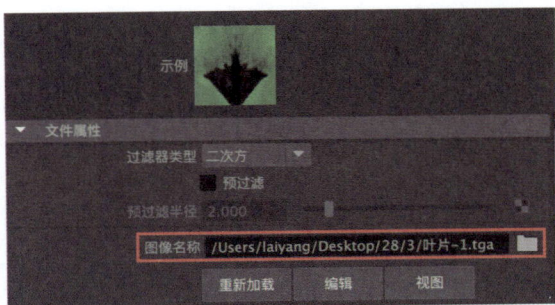

图3-52

▶**05** 在"镜面反射"卷展栏中,设置"粗糙度"为0.8,如图3-53所示。

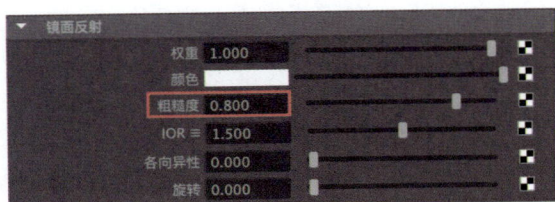

图3-53

▶**06** 设置完成后,三叶草叶片材质球在"材质查

图3-54

▶**07** 还可以尝试以相似的操作步骤设置三叶草的花瓣效果,设置完成后,三叶草花瓣材质球在"材质查看器"中的显示结果如图3-55所示。

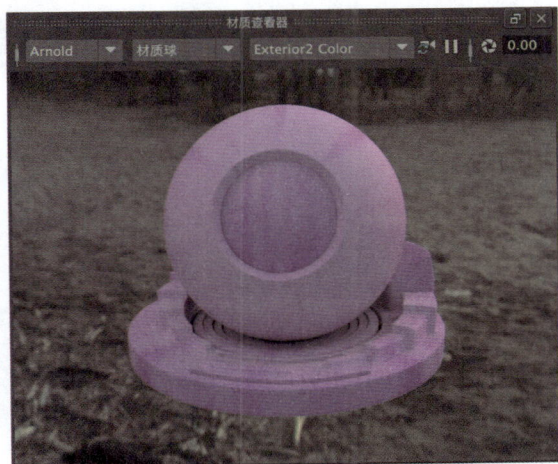

图3-55

3.3　设置灯光

本实例中所要表达的场景氛围带有一定的梦幻色彩,渲染出来的图像要体现出光线透过雾气所产生的朦胧效果,所以在灯光的设置上相对要复杂一些。

3.3.1 设置主光源

▶01 在Arnold工具架中，单击Create Area Light（创建区域灯光）图标，在场景中创建一个区域灯光，如图3-56所示。

图3-56

▶02 在场景中，调整区域灯光的大小、位置及照射角度，如图3-57所示，使得灯光从场景的右侧上方向下进行照明。

图3-57

▶03 在"属性编辑器"面板中，展开Arnold Area Light Attributes（Arnold区域灯光属性）卷展栏，设置Color（颜色）为黄色，Intensity（强度）为200，Exposure（曝光）为4，如图3-58所示。其中，Color（颜色）的参数设置如图3-59所示。

▶04 设置完成后，渲染场景，渲染结果如图3-60所示。

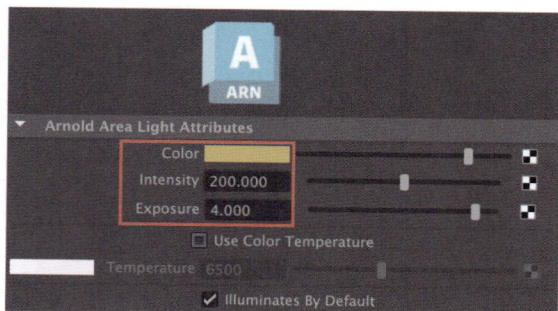

图3-58

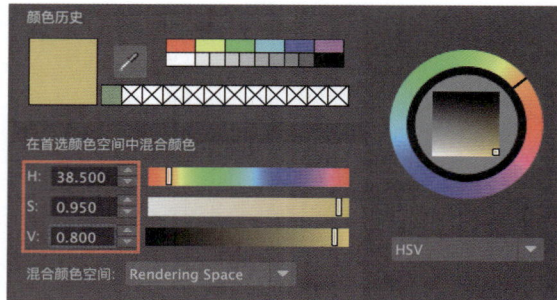

图3-59

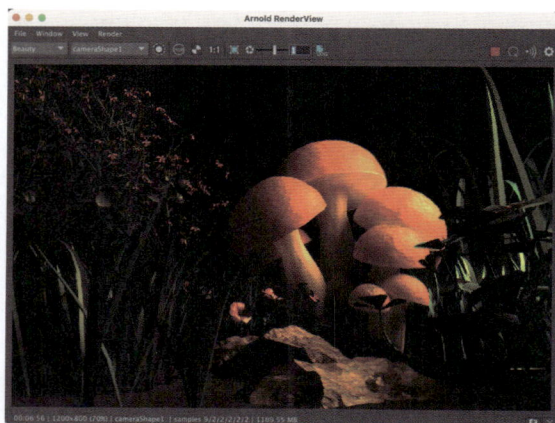

图3-60

3.3.2 设置辅助光源

▶01 在Arnold工具架中，单击Create Area Light（创建区域灯光）图标，在场景中创建一个区域灯光用作第一个辅助光源，并调整灯光的大小、位置及照射角度，如图3-61所示。

图3-61

▶02 在"属性编辑器"面板中，展开Arnold

Area Light Attributes（Arnold区域灯光属性）卷展栏，设置Color（颜色）为蓝色，Intensity（强度）为300，Exposure（曝光）为4，如图3-62所示。其中，Color（颜色）的参数设置如图3-63所示。

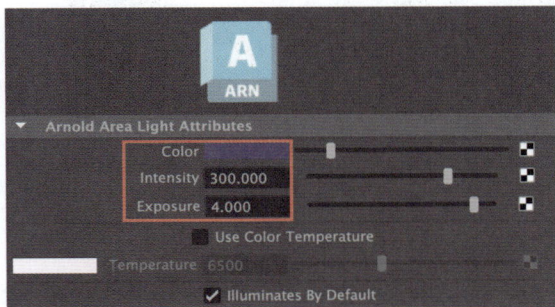

图3-62

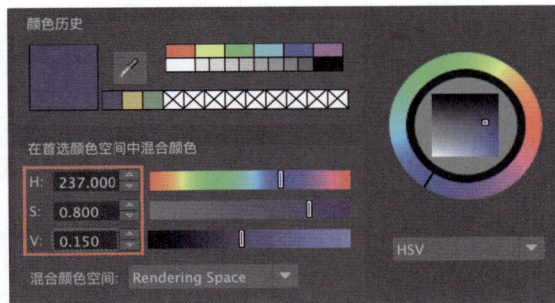

图3-63

▶03 在Arnold工具架中，单击Create Area Light（创建区域灯光）图标，在场景中创建第3个区域灯光作为场景中的第2个辅助光源，并调整灯光的大小、位置及照射角度，如图3-64所示。

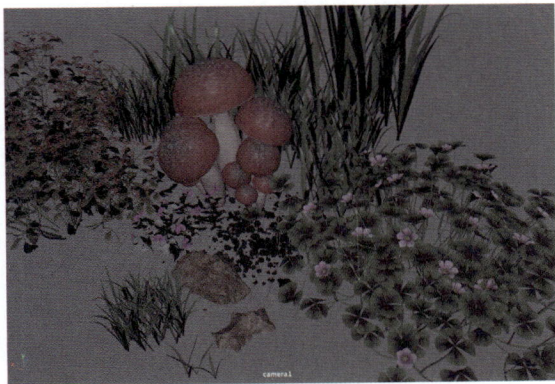

图3-64

▶04 在"属性编辑器"面板中，展开Arnold Area

Light Attributes（Arnold区域灯光属性）卷展栏，设置Intensity（强度）为200，Exposure（曝光）为1，如图3-65所示。

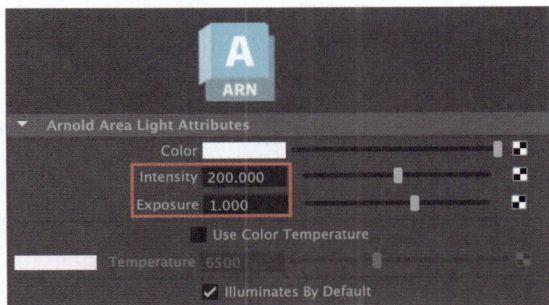

图3-65

▶05 设置完成后，渲染场景，渲染结果如图3-66所示。

图3-66

▶06 在Arnold工具架中，单击Create Physical Sky（创建物理天空）图标，在场景中创建一个物理天空灯光用作第3个辅助光源，其目的是为了提亮场景的背景环境，如图3-67所示。

图3-67

▶07 在"属性编辑器"面板中，展开Physical Sky Attributes（物理天空属性）卷展栏，取消勾选Enable Sun（启用太阳）复选框，如图3-68所示。

▶08 再次渲染场景，渲染结果如图3-69所示。

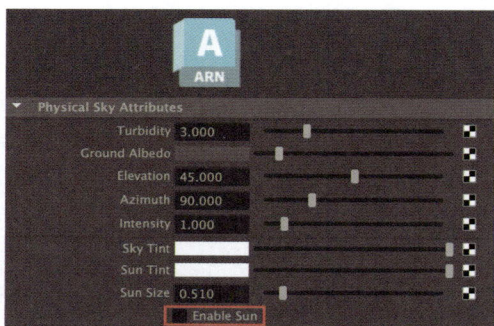

图3-68

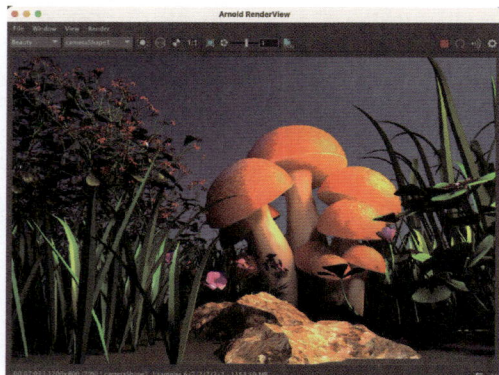

图3-69

3.3.3　为场景添加大气效果

▶01 打开"渲染设置"面板，在Arnold Renderer选项卡中，展开Environment（环境）卷展栏，单击Atmosphere（大气）参数后面的贴图按钮，在弹出的菜单中选择并执行Create aiAtmosphereVolume命令，为场景添加大气效果，如图3-70所示。

图3-70

▶02 在"属性编辑器"面板中，展开Volume Attributes（体积属性）卷展栏，设置Density（密度）的值为0.01，如图3-71所示。

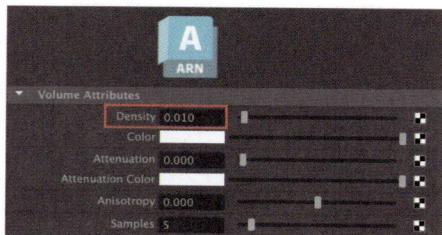

图3-71

图3-72

▶03 设置完成后，渲染场景，渲染结果如图3-72所示。

▶04 在默认状态下，添加了大气效果的场景渲染图像给人的感觉会显得比较灰，这时，可以通过对图像进行后期设置来进行调节，在Arnold RenderView（Arnold渲染视口）面板中，设置Gamma为0.5，Exposure为1，将View Transform设置为Unity neutra选项，则可以提亮整个画面，如图3-73所示。

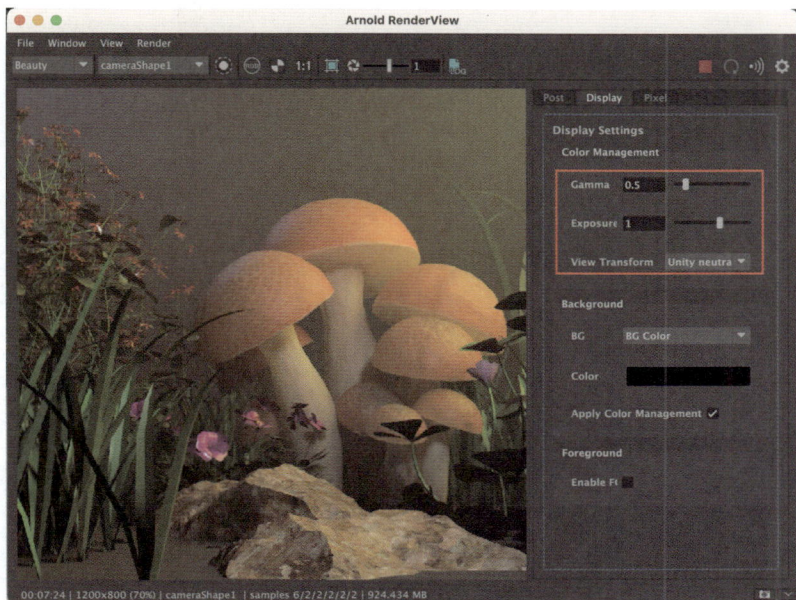

图3-73

▶05 执行File（文件）| Save Image Options（保存图像选项）命令，如图3-74所示。

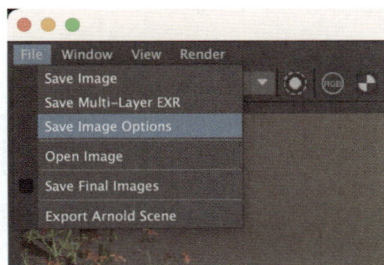

图3-74

▶06 在弹出的Save Image Options（保存图像选项）对话框中，勾选Apply Gamma/Exposure（应用Gamma/曝光）复选框，如图3-75所示。

图3-75

▶07 设置完成后，保存图像，灯光设置完成后的场景渲染结果如图3-76所示。

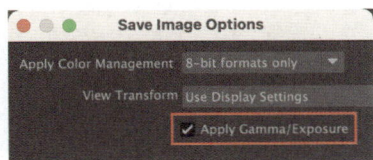

图3-76

3.4　设置摄影机

3.4.1　创建摄影机

▶01 在"渲染"工具架中，单击"创建摄影机"图标，在场景中创建一个摄影机，如图3-77所示。

▶02 执行"面板"|"透视"|camera命令，如图3-78所示，这样可以将场景视图切换为摄影机视图。

图3-77

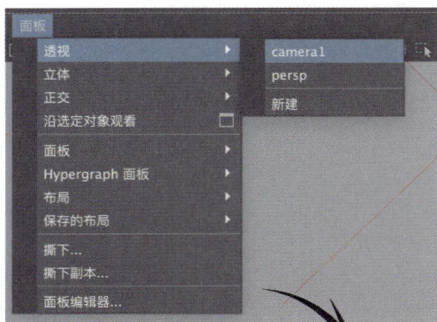

图3-78

▶03 在"通道盒/层编辑器"面板中，设置摄影机的"平移X"为-10，"平移Y"为1，"平移Z"为-22，"旋转X"为12.5，"旋转Y"为-155，"旋转Z"为0，并为这些属性设置关键帧。设置完成后，这些属性后面会出现红色醒目的方形标记，如图3-79所示。

提示 为摄影机的平移和旋转属性设置关键帧后，即便我们在后期调整时改变了摄影机的位置，通过调整时间帧也可以快速使

得摄影机恢复至记录关键帧时的位置和旋转状态。

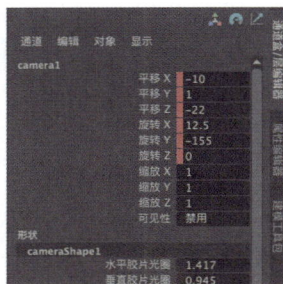

图3-79

▶04 在"属性编辑器"面板中，展开"摄影机属性"卷展栏，设置"视角"为60，如图3-80所示。

图3-80

▶05 设置完成后，摄影机的拍摄视角如图3-81所示。

图3-81

3.4.2 制作景深效果

"景深"效果是摄影师常用的一种拍摄手法，用于突出拍摄画面中的主体。当我们使用手机拍摄时，可以通过使用手指点击屏幕的方式来控制拍摄画面里想要拍摄清晰的地方。如图3-82和图3-83所示分别为焦点在不同位置的"景深"效果照片对比。

图3-82

图3-83

在本实例中，设置景深效果的具体步骤如下。

▶01 执行"创建"|"测量工具"|"距离工具"命令，如图3-84所示。

▶02 在"顶视图"中，使用"距离工具"测量出摄影机至场景中蘑菇的大概距离为21.0454，如图3-85所示，所以在接下来的参数设置中，将Focus Distance（焦距）的值可以考虑设置为一个接近于21.0454的数值21。

▶03 选择摄影机，在CameraShape1选项卡中，展开Arnold卷展栏，勾选Enable DOF（启用景深）复选框，即可开启景深效果计算。调整Focus Distance（焦距）为21，调整Aperture Size（光圈

大小）为0.3，调整Aperture Blades（光圈叶片）为6，如图3-86所示。

图3-84

图3-85

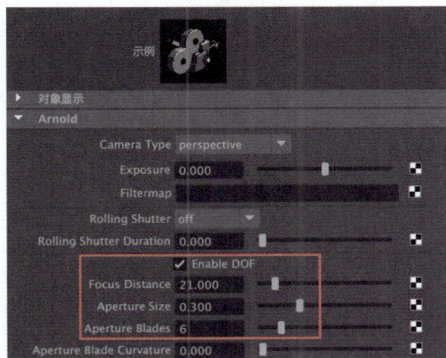

图3-86

▶04 设置完成后，渲染场景，渲染结果如图3-87所示。从渲染结果中可以看到较为明显的景深效果。

图3-87

技术专题——摄影机Arnold卷展栏参数详解

展开Arnold卷展栏，其中的参数设置如图3-88所示。

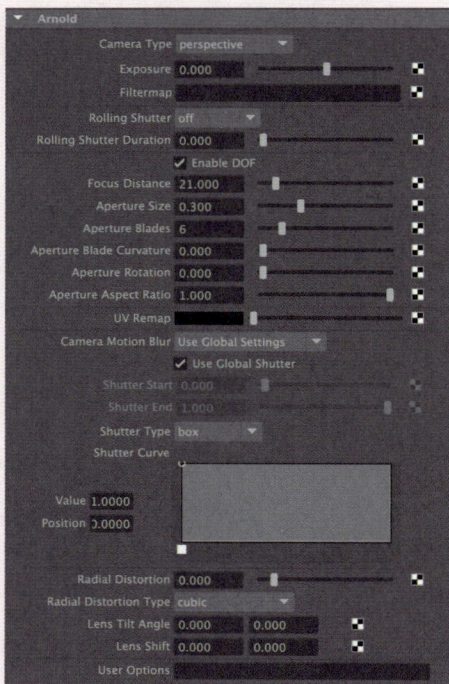

图3-88

工具解析：

- Camera Type（摄影机类型）：用于设置当前摄影机的类型。
- Exposure（曝光）：模拟摄影机的曝光效果，值越大，渲染出来的图像越亮。如图3-89所示为曝光值分别是0和1的渲染结果对比。
- Filtermap（过滤器贴图）：通过由链接到过滤器贴图的着色器定义的标量确定摄影机采样的权重。
- Rolling Shutter（卷帘快门）：用于模拟在采用 CMOS 传感器的数码相机镜头中看到的卷帘快门效果。
- Rolling Shutter Duration（卷帘快门方向）：设置卷帘快门的发生方向。

图3-89

图3-89（续）

- Enable DOF（启用景深）：开启景深效果计算。如图3-90所示分别为开启了景深计算前后的渲染结果对比。

图3-91

图3-90

图3-92

- Focus Distance（焦距）：用于控制景深的位置，如图3-91所示为该值分别是10和21的渲染结果对比。

- Aperture Size(光圈大小)：用于设置摄影机的光圈，值越小，图像越清晰，反之亦然。如图3-92所示为"光圈大小"值分别是0.2和1的渲染结果对比。

- Aperture Blades(光圈叶片)：多边形光圈的

叶片（或多边形边）数，数值为0代表圆形光圈。如图3-93所示为该值分别是3和6的渲染结果对比。

图3-94（续）

- Aperture Aspect Ratio(光圈宽高比)：值大于1会产生拉长的散焦效果，令人想起变形镜头，而值小于1会产生挤压效果。
- UV Remap(UV 重映射)：该参数会提取一张2D 置换图像，并使用该参数对摄影机镜头的渲染输出进行扭曲。
- Camera Motion Blur(摄影机运动模糊)：可用来打开或关闭摄影机运动模糊。默认状态为Use Global Settings(使用全局设置)，将使用在MtoA 全局渲染设置的运动模糊选项卡中设置的值。当场景中有多个摄影机可能需要或不需要运动模糊时，使用该选项很有用。
- Shutter Start/Shutter End(快门开始/快门结束)：通过更改 Shutter Start 和 Shutter End 参数，可将摄影机的快门范围设置为小于从场景导出的运动模糊范围。
- Shutter Type(快门类型)：应用于时间采样的过滤。默认情况下，采用box（长方体过滤器）选项。
- Shutter Curve（快门曲线）：通过曲线来进行摄影机快门的形状设置。

图3-93

- Aperture Blade Curvature(光圈叶片曲率)：多边形光圈边的曲率。值为 0 意味着直边。增加该值会逐渐产生曲率更大的边，而增加至 1.0 会产生一个完美的圆盘。负值会产生一个"收缩"或星形光圈。如图3-94所示为"光圈叶片曲率"值分别是-0.5和-2的渲染结果对比。
- Aperture Rotation(光圈旋转)：将光圈旋转指定度数。

3.5　渲染及后期处理

▶01 打开"渲染设置"面板，在"公用"选项卡中，展开"图像大小"卷展栏，将渲染图像的"预设"选择为"HD_720"，如图3-95所示。

▶02 在Arnold Renderer选项卡中，展开Sampling（采样）卷展栏，设置Camera（AA）为9，提高渲染图像的计算采样精度，如图3-96所示。

▶03 设置完成后，渲染场景，渲染结果如图3-97所示。

图3-94

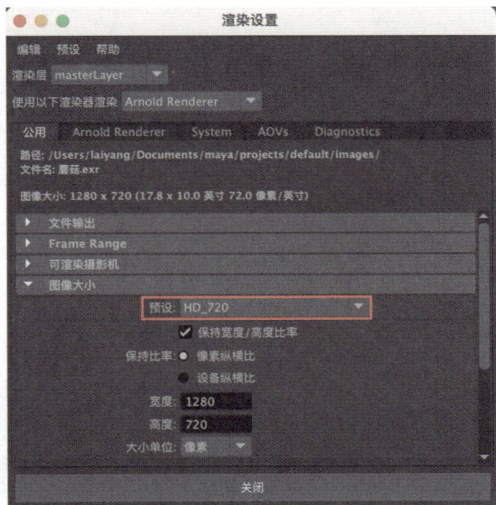

图3-95

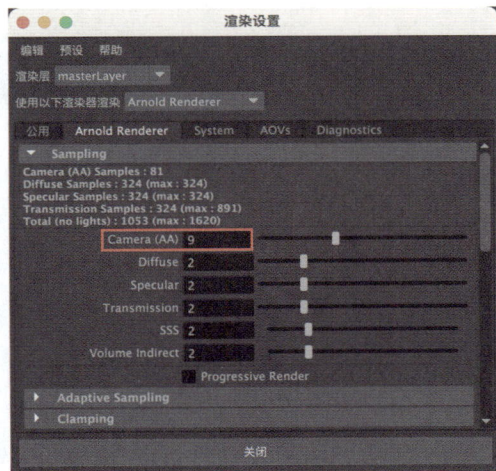

图3-96

图3-97

提示　在Display（显示）选项卡中，可以通过设置不同的View Transform（视图变换）选项来更改渲染结果，如图3-98所示。

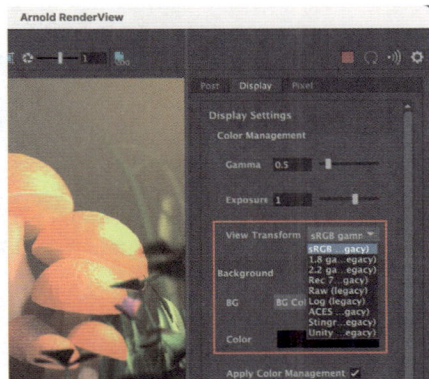

图3-98

如图3-99～图3-101所示为设置了不同View Transform（视图变换）选项所得到的图像渲染结果。

图3-99

图3-100

图3-101

第4章

浪花特效——Boss 海洋模拟技术

4.1 实例简介

本实例通过制作一个游艇在海面上航行的特写镜头来详细讲解Boss海洋模拟技术的使用方法,实例最终完成效果如图4-1所示。

图4-1

在制作该实例之前,我们也可以观察一下真实世界中游艇所产生的浪花与玩具船在湖面所产生的波纹照片对比,在制作前先观察一下这些照片有助于了解真实世界中的浪花细节,如图4-2和图4-3所示为使用相机拍摄的两张波纹照片。

图4-2

图4-3

4.2 场景分析

▶01 启动中文版Maya 2023软件,打开本章节配套场景资源文件,可以看到该场景中有一只游艇的模型,如图4-4所示。

图4-4

▶02 在"大纲视图"面板中,观察场景模型,可以看到该游艇模型由4个模型组成,另外,场景中还有一条曲线，该曲线处于隐藏的状态，如图4-5所示。

图4-5

03 在场景中，构成游艇的所有模型，使用Ctrl+G组合键，对所选择的模型执行"分组"操作，设置完成后，可以在"大纲视图"面板中看到场景中构成游艇的4个模型现在成为了一个组合，如图4-6所示。这样，有利于我们接下来的动画制作。

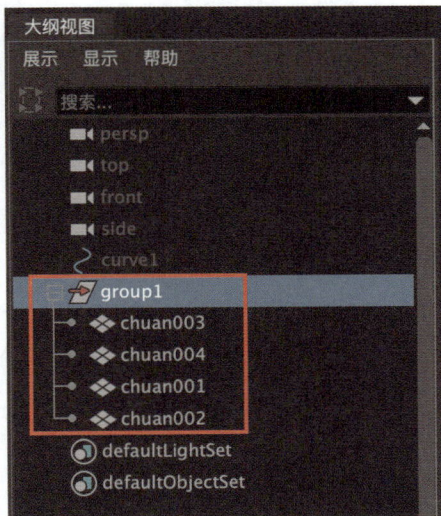

图4-6

04 执行"创建"｜"测量工具"｜"距离工具"命令，在"顶"视图中测量该游艇模型的大小，接近37厘米，如图4-7所示。

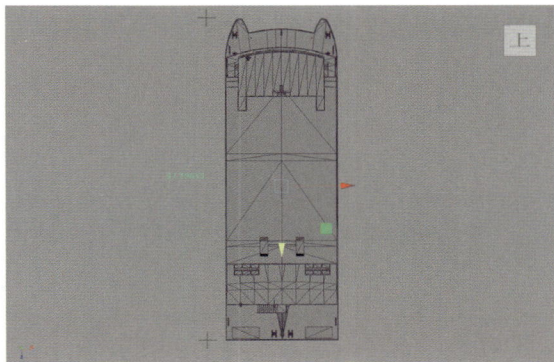

图4-7

提示　Maya软件的默认单位是厘米。但是使用Boss海洋系统时，Boss海洋系统在默认状态下则会以1厘米=1米的比例来进行动力学模拟，所以本实例所提供的游艇模型在动力学模拟中会被认为是一艘长达37米的游艇，这个大小接近真实世界中的游艇长度。

4.3　使用Boss海洋系统制作海洋动画

4.3.1　创建Boss海洋系统

01 单击"多边形建模"工具架上的"多边形平面"图标，如图4-8所示。在场景中创建一个平面模型用来制作海洋。

图4-8

02 在"通道盒/层编辑器"面板中，设置平面模型的"平移X""平移Y"和"平移Z"的值均为0，如图4-9所示。

03 设置"宽度""高度""细分宽度"和"高度细分数"的值均为200，如图4-10所示。

04 设置完成后，场景中的平面模型如图4-11所示。

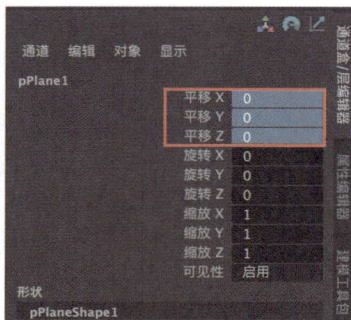

图4-9

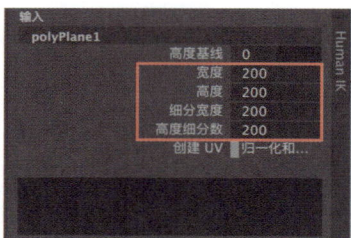

图4-10

图4-11

▶05 执行Boss|"Boss编辑器"命令，打开Boss Ripple/Wave Generator面板，如图4-12所示。

▶06 选择场景中的平面模型，单击Boss Ripple/Wave Generator面板中的Create Spectral Waves（创建光谱波浪）图标，如图4-13所示。

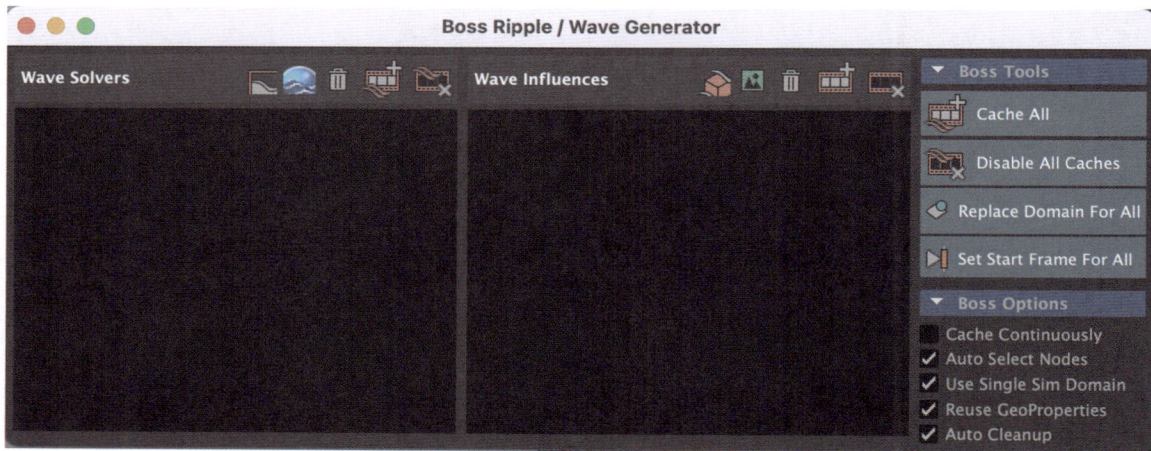

图4-12

图4-13

▶07 在"大纲视图"面板中可以看到，Maya软件即可根据之前所选择的平面模型的大小及细分情况创建出一个用于模拟区域海洋的新模型，并命名为BossOutput，同时，隐藏场景中原有的多边形平面模型，如图4-14所示。

▶08 在默认情况下，新生成的BossOutput模型与原有的多边形平面模型一模一样。拖动一下Maya的时间帧，即可看到从第2帧起，BossOutput模型可以模拟出非常真实的海洋波浪运动效果，如图4-15所示。

▶09 在"属性编辑器"面板中找到BossSpectralWave1选项卡，在"全局属性"面板中，设置"开始帧"的值为1，设置"面片大小X（m）"和"面片大小Z（m）"为200，如图4-16所示。

▶10 展开"模拟属性"卷展栏，设置"波高度"的值为1，勾选"使用水平置换"复选框，并调整

"波大小"为3，如图4-17所示。

▶11 调整完成后，播放场景动画，可以看到模拟出来的海洋波浪效果如图4-18所示。

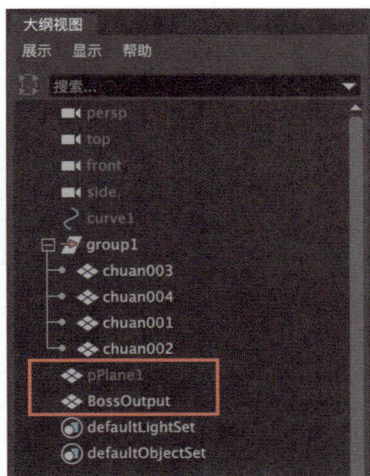

图4-14

图4-15

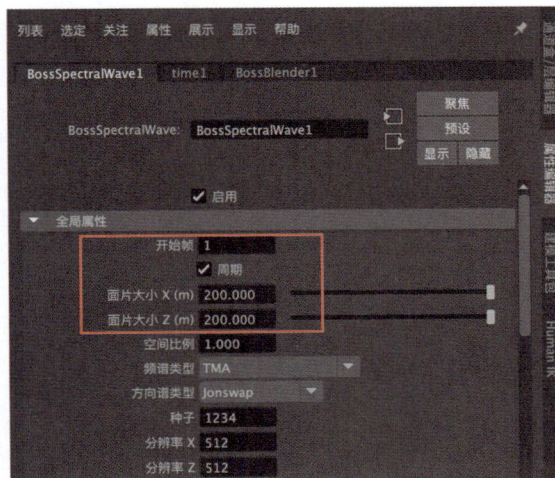

图4-16

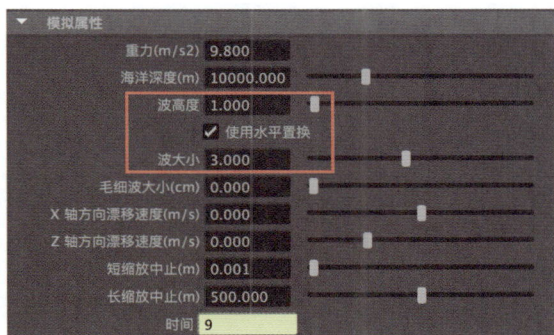

图4-17

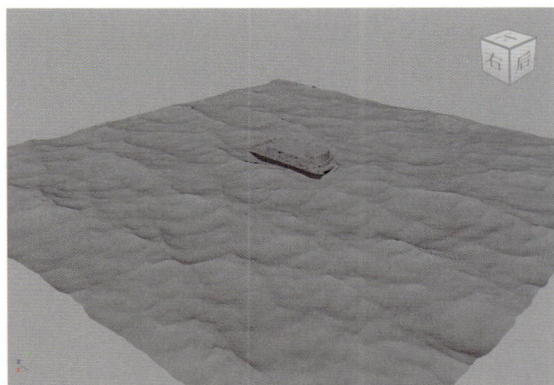

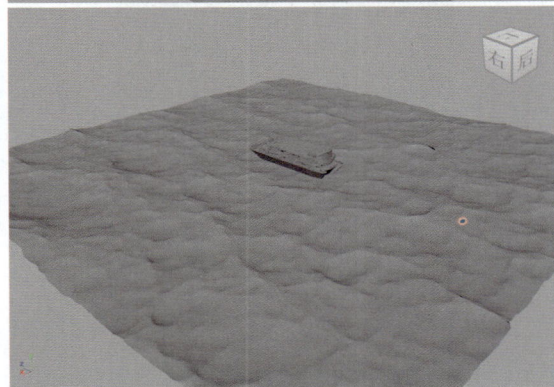

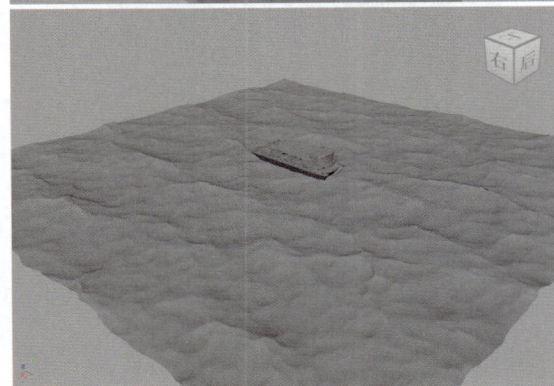

图4-18

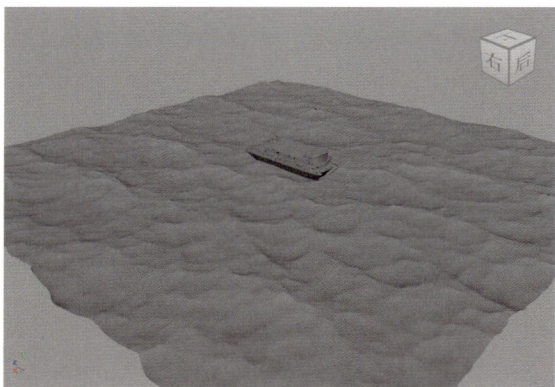

图4-18（续）

▶12 在"大纲视图"面板中选择处于隐藏状态的平面模型，如图4-19所示。

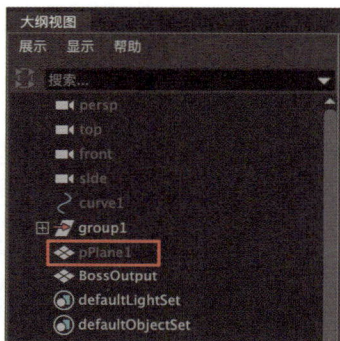

图4-19

▶13 在"通道盒/层编辑器"面板中，将"细分宽度"和"高度细分数"的值均提高至500，如图4-20所示。

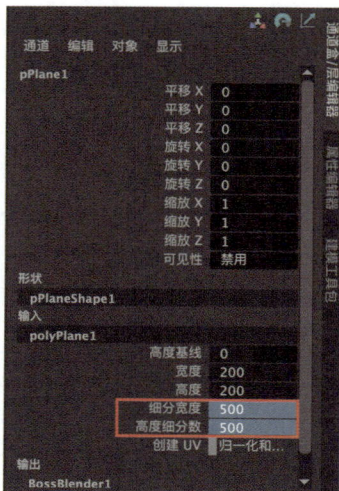

图4-20

▶14 这时，中文版Maya 2023软件会弹出"多边形基本体参数检查"对话框，询问用户是否需要继续使用这么高的细分值，如图4-21所示，单击该对话框中的"是，不再询问"按钮即可。

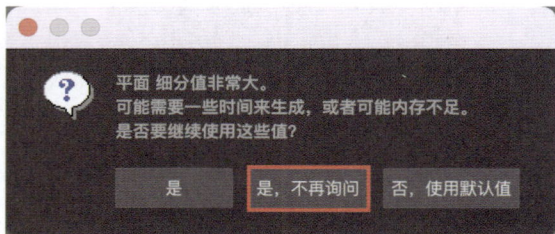

图4-21

▶15 设置完成后，在视图中观察海洋模型，可以看到海洋表面的细节大幅提升了，如图4-22和图4-23所示为提高了细分值前后的海洋模型对比结果。

图4-22

图4-23

提示　提高用于模拟海洋的多边形平面模型的"细分宽度"和"高度细分数"值可以有效提高Boss海洋波浪模拟的细节程度，这2个值越高，海洋波浪的细节显示越丰富。需要注意的是，过于高的细分值也会导致计算机模拟海洋波浪计算时间的增加，也可能出现Maya软件因计算量过大而导致程序直接弹出的情况。如图4-24~图4-26所示分别为多边形平面模型的"细分宽度"和"高度细分数"值分别同时设置为100、500和1500之后的海洋波浪细节模拟效果。

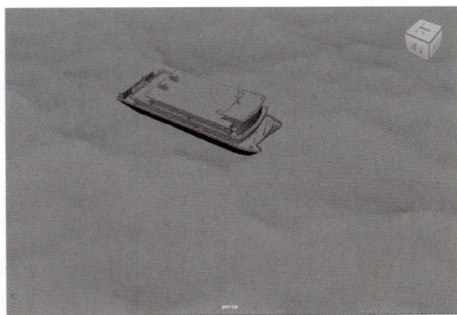

图4-24

图4-25

图4-26

4.3.2　制作游艇航行关键帧动画

▶**01**　在"大纲视图"面板中选择被隐藏的曲线对象，如图4-27所示。

图4-27

▶**02**　使用Shift+H组合键，将其在场景中显示出来，如图4-28所示。

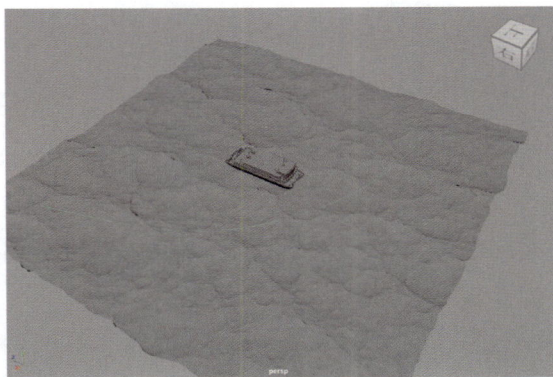

图4-28

▶**03**　将场景中的时间帧数设置为300帧，如图4-29所示。

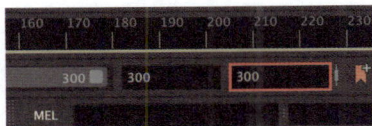

图4-29

▶**04**　在"大纲视图"面板中先选择组对象，再加选刚刚绘制出来的曲线，如图4-30所示。

▶**05**　执行"约束"|"运动路径"|"连接到运动路径"命令，如图4-31所示。

▶**06**　设置完成后，可以看到游艇模型现在已经约束至场景中的曲线上，如图4-32所示。

图4-30

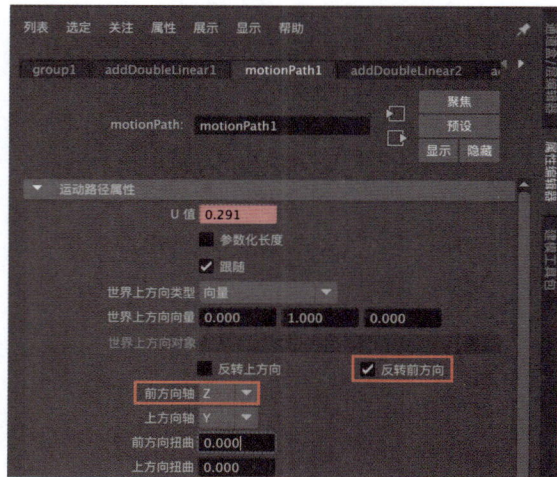

图4-33

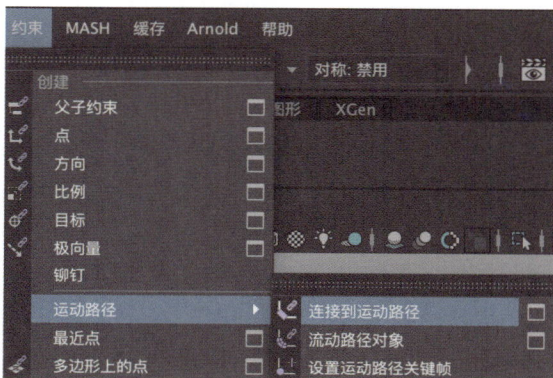

图4-31

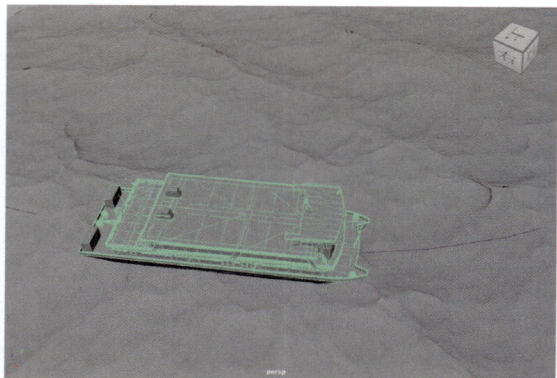

图4-34

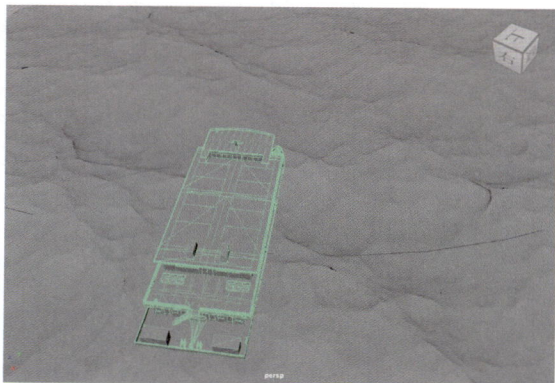

图4-32

▶**07** 在"属性编辑器"面板中，展开"运动路径属性"卷展栏，勾选"反转前方向"复选框，设置"前方向轴"为z，如图4-33所示，即可更改游艇的前进方向，如图4-34所示。

▶**08** 选择组对象，执行"窗口"|"动画编辑器"|"曲线图编辑器"命令，打开"曲线图编辑器"面板，观察组对象的动画曲线如图4-35所示。

▶**09** 选择"曲线图编辑器"面板中如图4-36所示的曲线节点，单击"钳制切线"按钮，更改曲线的形状。

▶**10** 选择场景中的曲线，在"通道盒/层编辑器"面板中，设置"平移Y"的值为-0.5，如图4-37所示。这样，可以使得游艇模型位于水面下方的部分多一些，如图4-38所示。有助于将来计算动力学动画时，产生更加强烈的游艇尾迹效果。

▶**11** 设置完成后，隐藏海洋，播放场景动画，游艇的航行动画如图4-39所示。

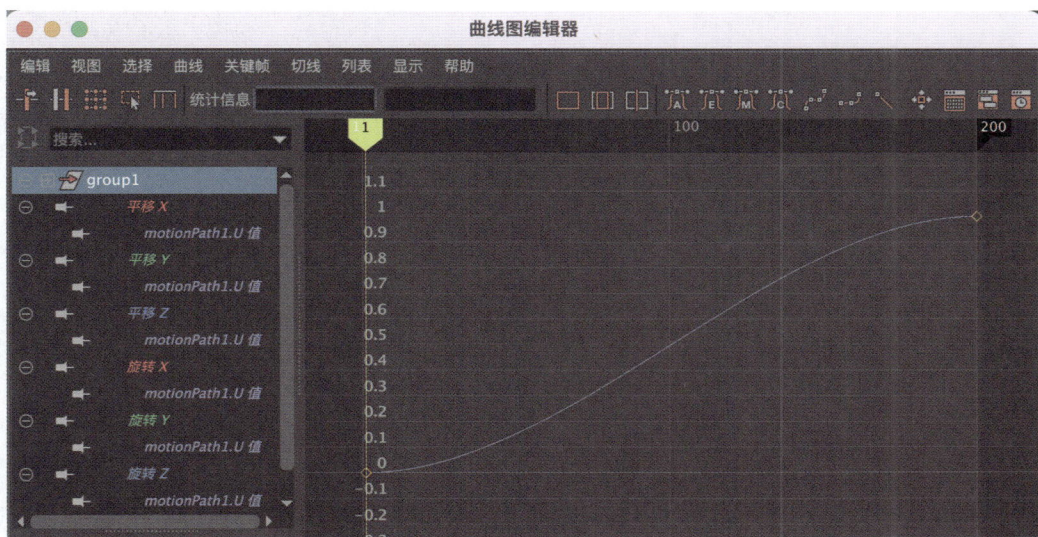

图4-35

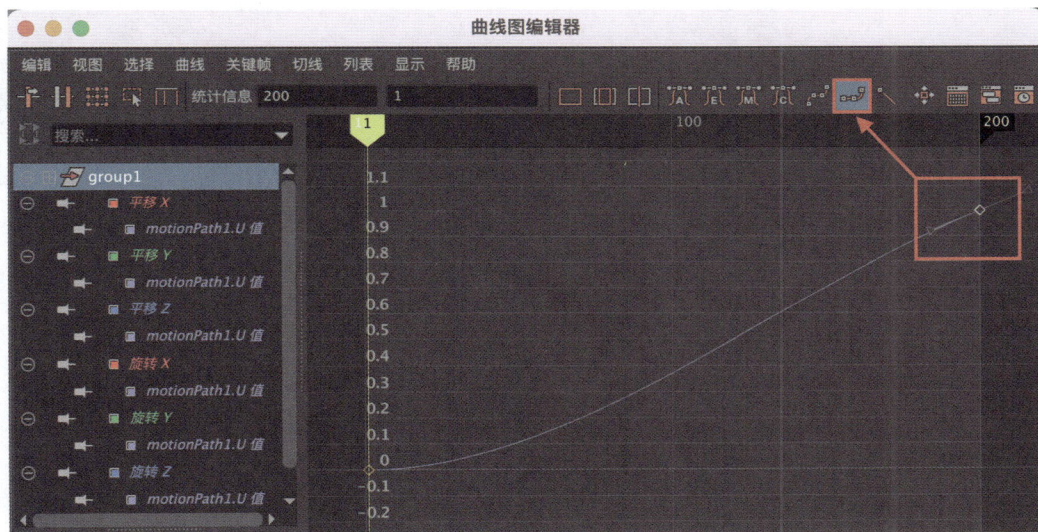

图4-36

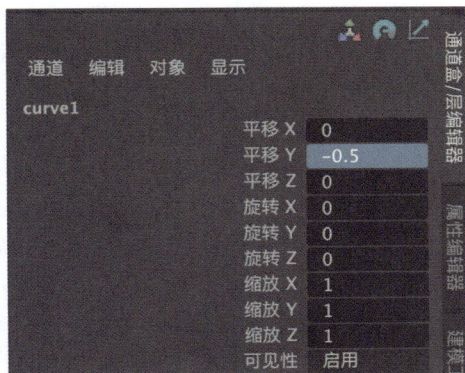

图4-37

图4-38

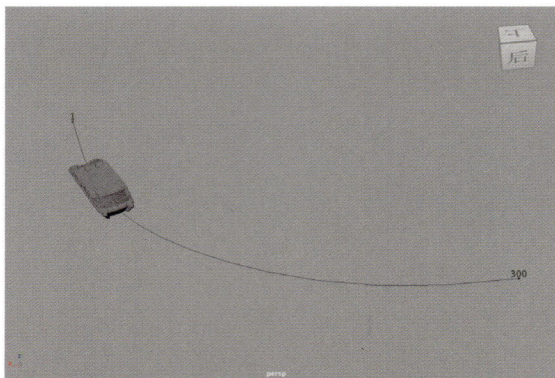

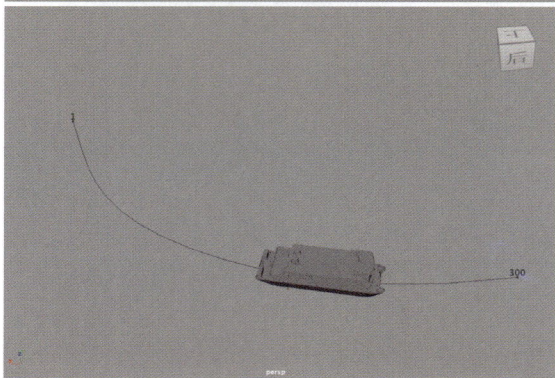

图4-39

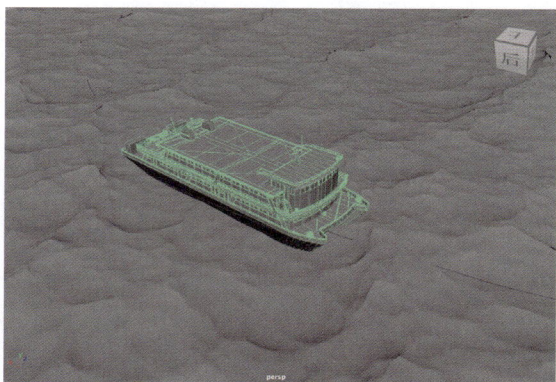

图4-41

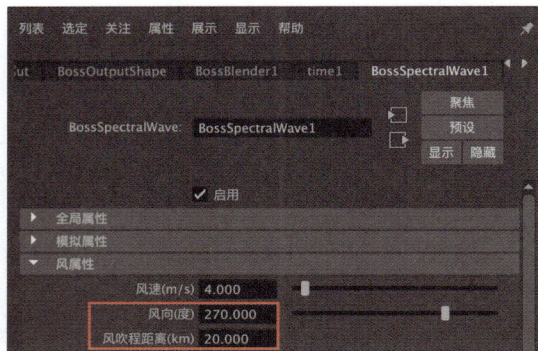

图4-42

4.3.3 制作游艇与海洋的碰撞动画

▶01 在场景中观察游艇模型与海面波浪的比例关系，这时可以发现波浪略大了一些，如图4-40所示。

图4-40

▶02 在"风属性"卷展栏中，设置"风向（度）"为270，"风吹程距离（km）"为20，如图4-41所示。

▶03 这样可以更改波浪的方向，并且还使得海面上的波浪小一些，如图4-42所示。

▶04 执行Boss|"Boss编辑器"命令，打开Boss Ripple/Wave Generator面板，如图4-43所示。

▶05 选择场景中的游艇模型，如图4-44所示。

▶06 单击Add geo influence to selected solver按钮，设置游艇模型参与到海洋波浪的形态计算当中，如图4-45所示。

▶07 选择场景中的海洋模型，在"属性编辑器"面板中，展开"反射波属性"卷展栏，调整"反射高度"的值为15，如图4-46所示。

▶08 在Boss Ripple/Wave Generator面板中，单击Cache All按钮，如图4-47所示。为海洋动画创建缓存文件。

提示 使用Boss海洋模拟系统来制作海洋波浪动画时，在制作动画完成后，务必记得将海洋动画的数据使用"缓存"功能保存在本地硬盘上，这样在播放动画时，海洋对象可以直接读取之前缓存后的数据文件，从而使得Maya软件不必再一次重复进行这些动画计算。

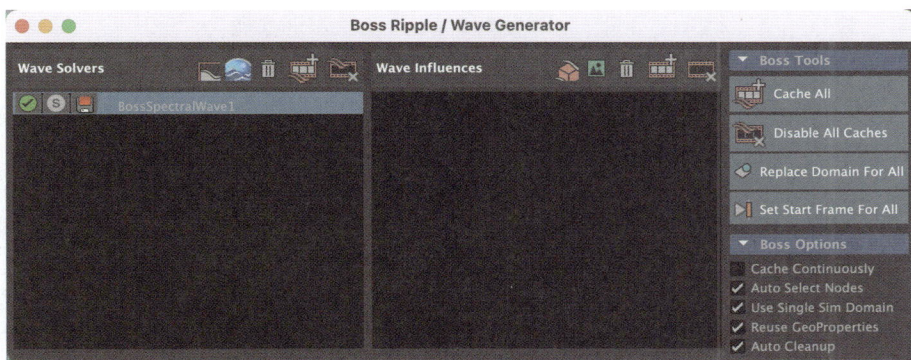

图4-43

图4-44

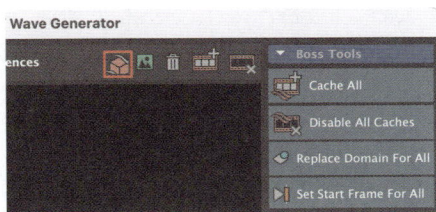

图4-45

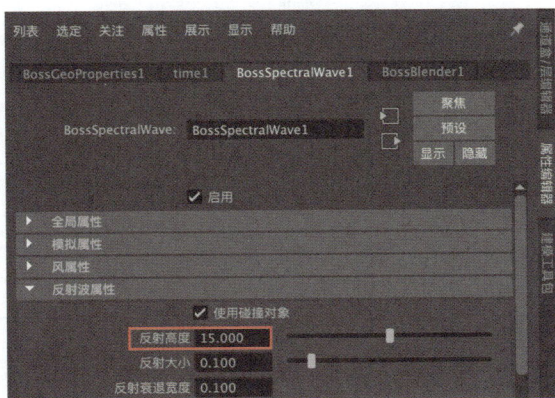

图4-46

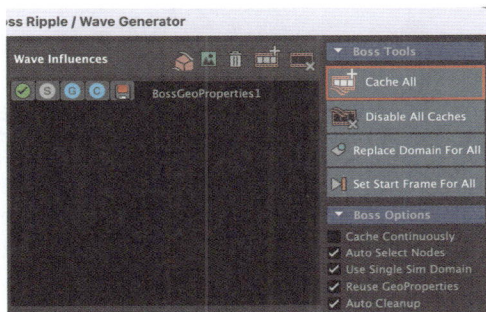

图4-47

▶09 等待计算机将缓存文件创建完成后，播放场景动画，本实例最终制作完成后的尾迹动画效果如图4-48所示。

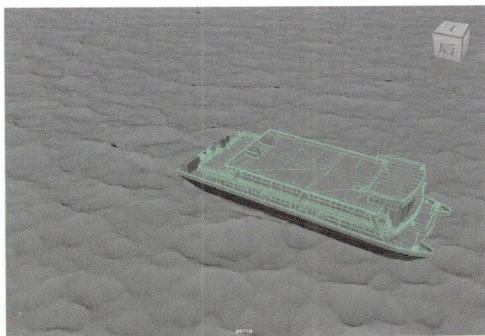

图4-48

4.4　使用Bifrost流体模拟浪花和泡沫

4.4.1　使用Bifrost流体模拟浪花效果

▶01 本小节开始制作游艇航行时所产生的浪花效

果。在第1帧位置处，不要选择场景中的任何对象，单击Bifrost工具架上的"液体"图标，如图4-49所示。在场景中创建一个液体对象。

图4-49

▶02 创建完成后，可以在"大纲视图"面板中看到场景中多了许多节点，如图4-50所示。

图4-50

▶03 在场景中先选择如图4-51所示的游艇模型。

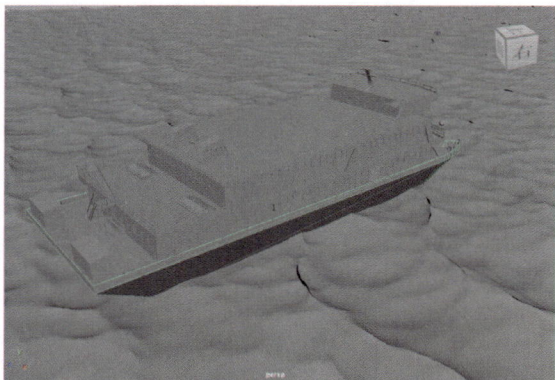

图4-51

▶04 在"大纲视图"面板中，再加选液体对象，如图4-52所示。

▶05 单击Bifrost工具架上的"发射区域"图标，如图4-53所示。

▶06 在"大纲视图"面板中，先选择海洋对象，再加选液体对象，如图4-54所示。

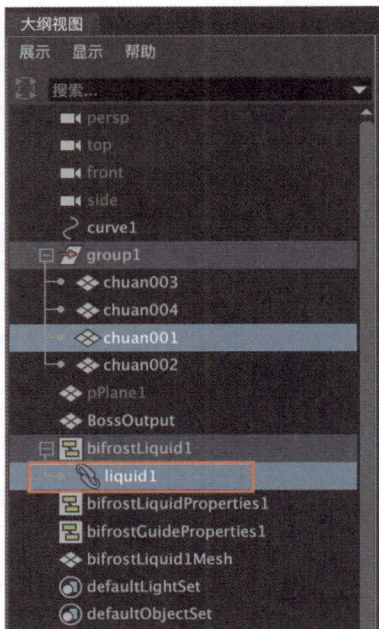

图4-52

图4-53

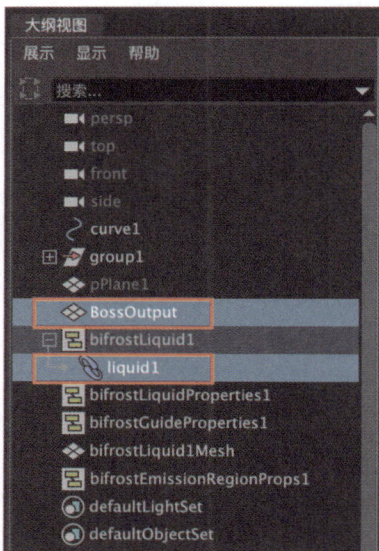

图4-54

▶07 单击Bifrost工具架上的"导向"图标，如图4-55所示。

图4-55

08 在"大纲视图"面板中选择液体对象,在"属性编辑器"面板中,展开"显示"卷展栏,勾选"体素"复选框,如图4-56所示,即可在视图中看到游艇模型与海洋模型的相交处有了蓝色的液体产生,如图4-57所示。

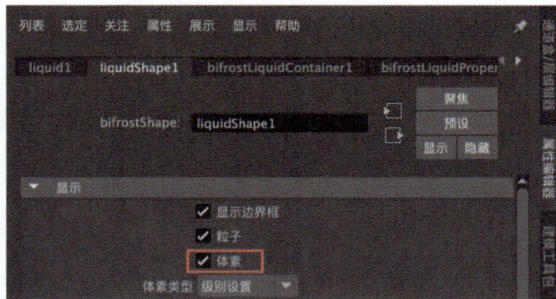

图4-56

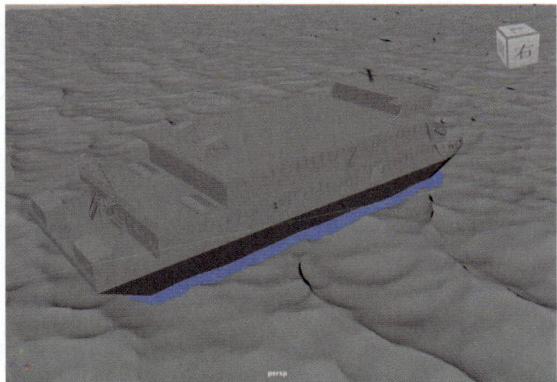

图4-57

09 在"大纲视图"面板中选择名称为bifrostEmissionRegionProps1的液体发射器节点,如图4-58所示。

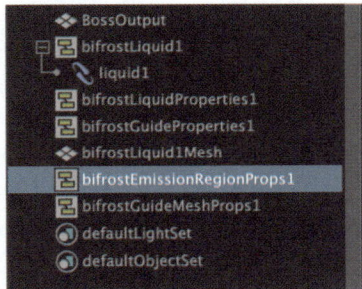

图4-58

10 在"属性编辑器"面板中,设置"厚度"的值为1,如图4-59所示。设置完成后,游艇周围的液体生成效果如图4-60所示。

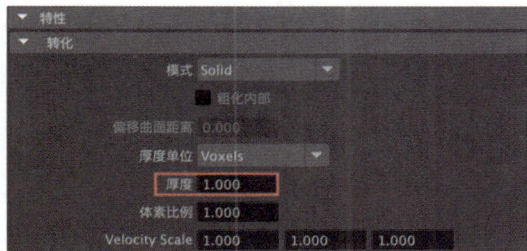

图4-59

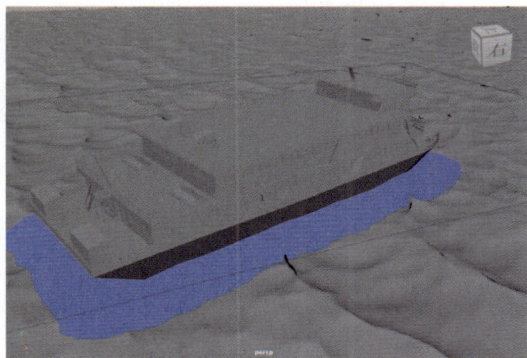

图4-60

> **提示** "厚度"值会显著影响船周围模拟生成的浪花大小,我们在设置该值时,应充分考虑一艘长达37米的游艇在缓慢航行时所产生的浪花高度。

11 接下来,在"大纲视图"面板中先选择游艇模型,再加选液体对象,如图4-61所示。

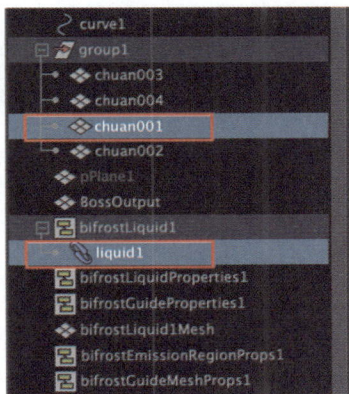

图4-61

▶12 单击Bifrost工具架上的"碰撞对象"图标，如图4-62所示。为所选择的物体之间设置碰撞关系。

图4-62

▶13 设置完成后，观察场景，液体效果如图4-63所示。

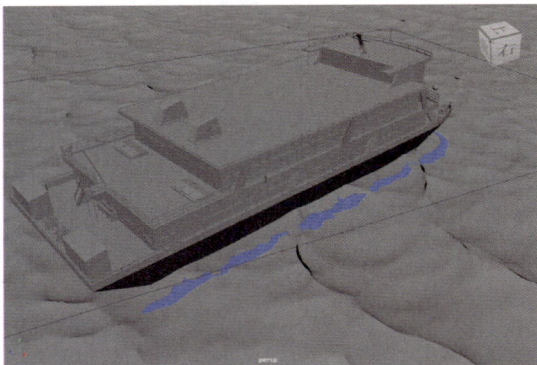

图4-63

▶14 播放场景动画，游艇的浪花模拟效果如图4-64所示。

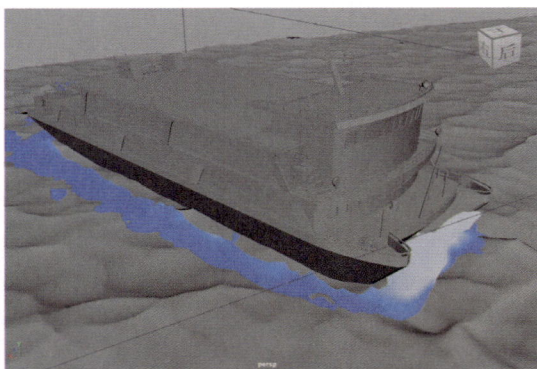

图4-64

▶15 在默认状态下，视图中模拟出来的浪花效果看起来缺乏细节。在"大纲视图"面板中选择液体对象，在"属性编辑器"面板中，设置"主体素大小"的值为0.1，如图4-65所示。

▶16 再次播放场景动画，这次可以看到模拟出来的浪花的细节明显增多了，如图4-66所示。但是模拟所需要的时间也随之大幅增加。

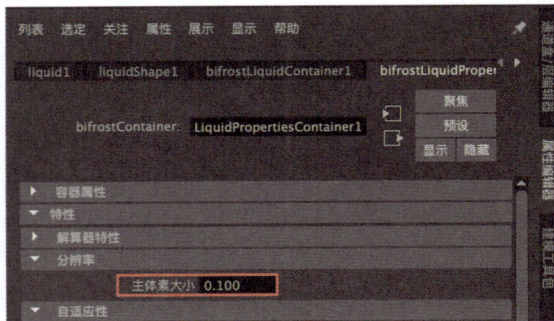

图4-65

图4-66

提示　　如果希望可以得到更加精细的浪花模拟效果，可以考虑尝试降低"主体素大小"值，该值越小，模拟出来的液体效果细节越丰富。同样，计算所耗费的时间也越多。

▶17 本实例最终制作完成的浪花动画效果如图4-67所示。

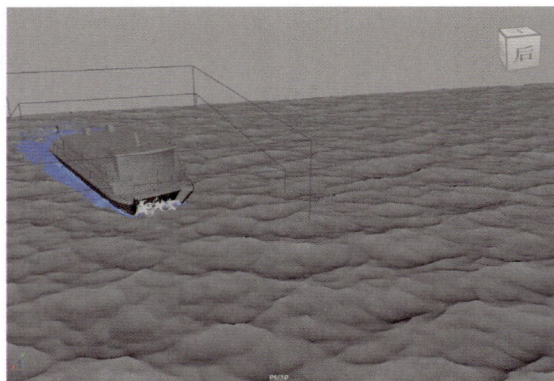

图4-67

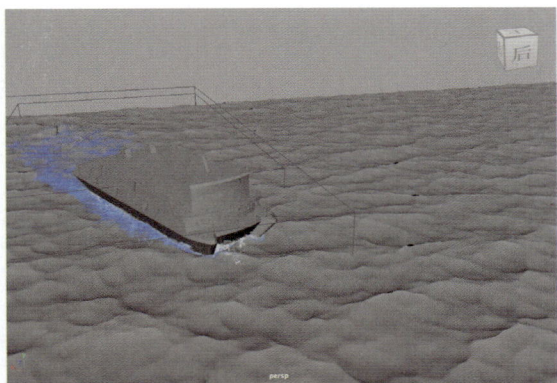

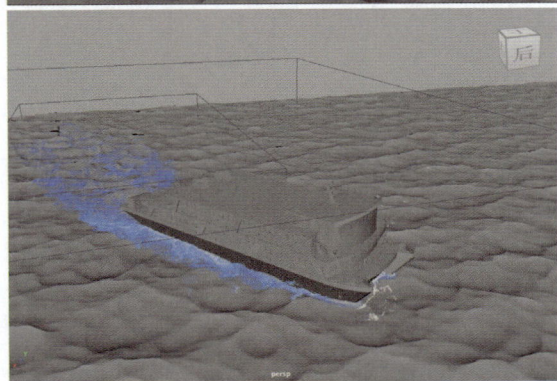

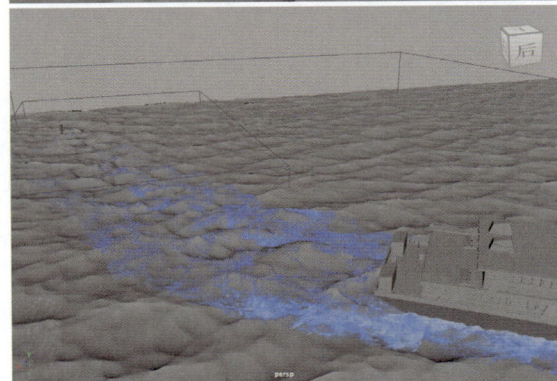

图4-67（续）

提示　　将"主体素大小"值设置为0.1后，模拟浪花形态是很费时间的，所以我们也可以直接学习下一章节，将泡沫参数设置完成后再一起进行浪花和泡沫的模拟计算。

4.4.2　使用Bifrost流体模拟泡沫效果

▶01 在"大纲视图"面板中，选择液体节点，如图4-68所示。

图4-68

▶02 单击Bifrost工具架上的"泡沫"图标，如图4-69所示，即可在该节点下方创建泡沫对象，如图4-70所示。

图4-69

图4-70

▶03 播放场景动画，可以看到在浪花的位置处有白色的点状泡沫对象产生，如图4-71所示。

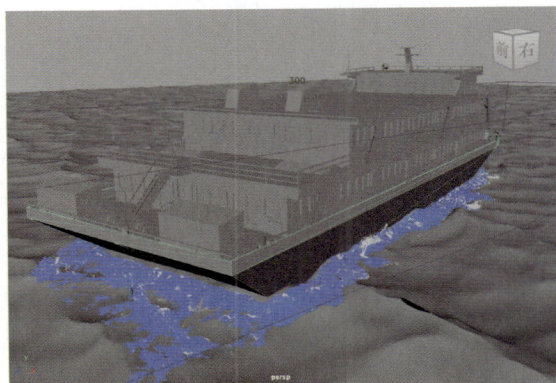

图4-71

▶04 默认状态下，由于液体产生的泡沫数量较少，我们可以在"属性编辑器"面板中，设置"自发光速率"的值为10000，来提高泡沫的产生数量，如图4-72所示。

图4-72

▶05 设置完成后，执行"Bifrost液体"|"计算并缓存到磁盘"命令，生成浪花和泡沫缓存文件，如图4-73所示。

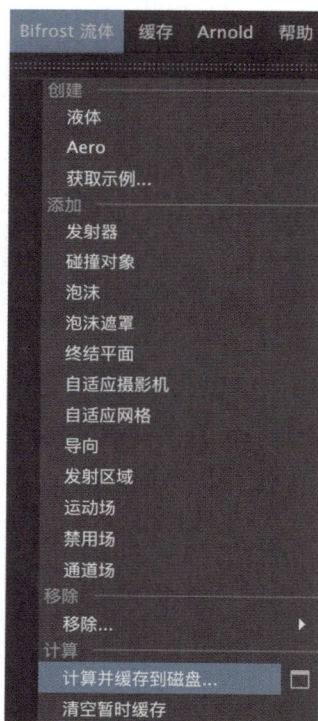

图4-73

▶06 添加了泡沫特效前后的视图显示结果对比如图4-74所示。

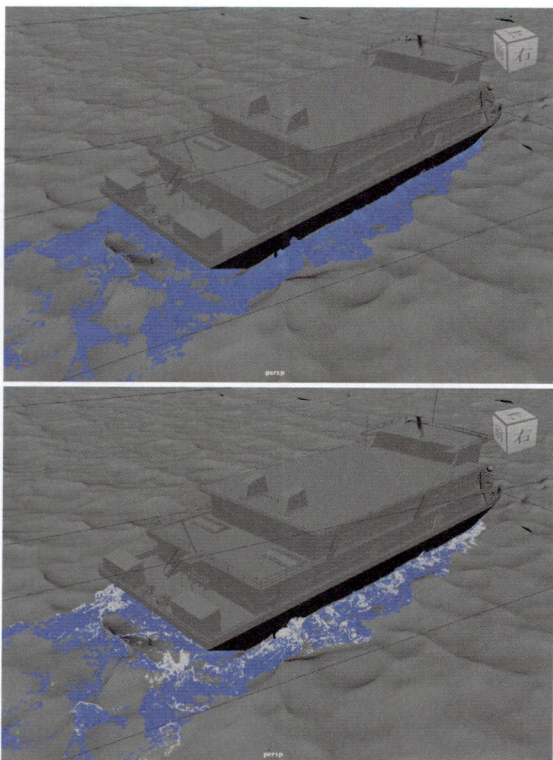

图4-74

▶07 将"时间滑块"设置到第300帧位置处，观察场景，可以清晰地看到游艇在水面上航行时所溅起的浪花和泡沫效果，如图4-75所示。

▶08 本实例最终制作完成的泡沫动画效果如图4-76所示。

技术专题——丰富海洋的纹理细节

场景动画和液体特效（浪花和泡沫）模拟完成后，我们仍然可以通过提高最初所创建的那个平面模型的"细分宽度"和"高度细分数"这2个参数值来增加海洋的纹理细节。具体操作步骤如下。

▶01 在"大纲视图"面板中，选择被隐藏起来的平面模型，如图4-77所示。

▶02 在"通道盒/层编辑器"面板中，设置"细分宽度"和"高度细分数"的值均为2000，如图4-78所示。

▶03 设置完成后，海洋对象的视图显示结果如图4-79和图4-80所示。

▶04 在第300帧位置处渲染场景，渲染结果如图4-80所示。

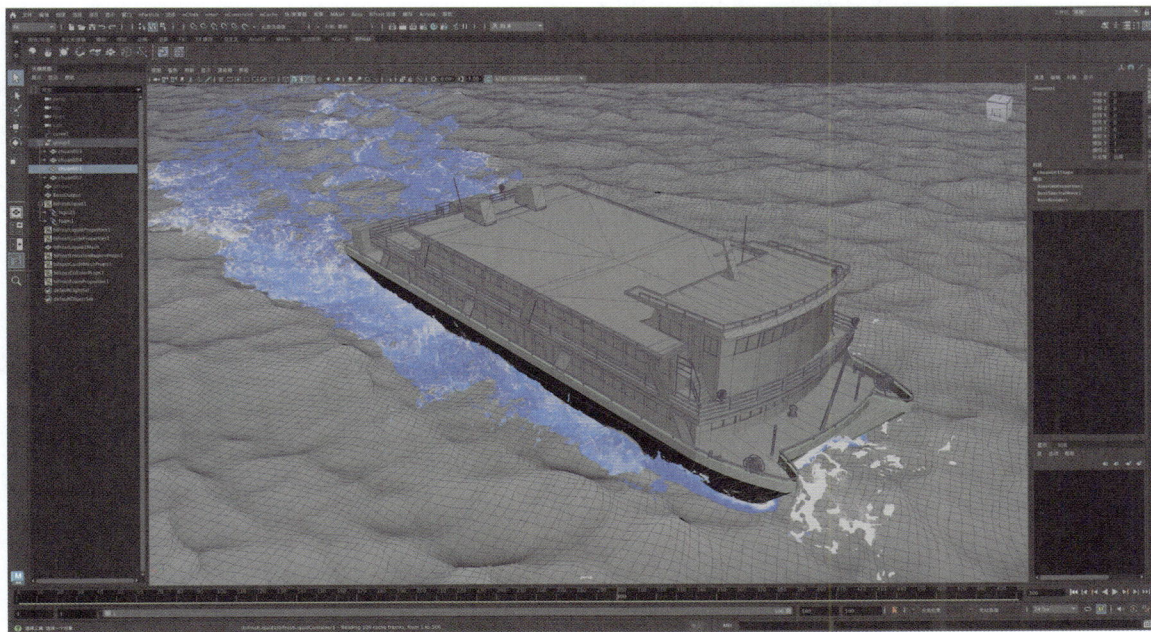

图4-75

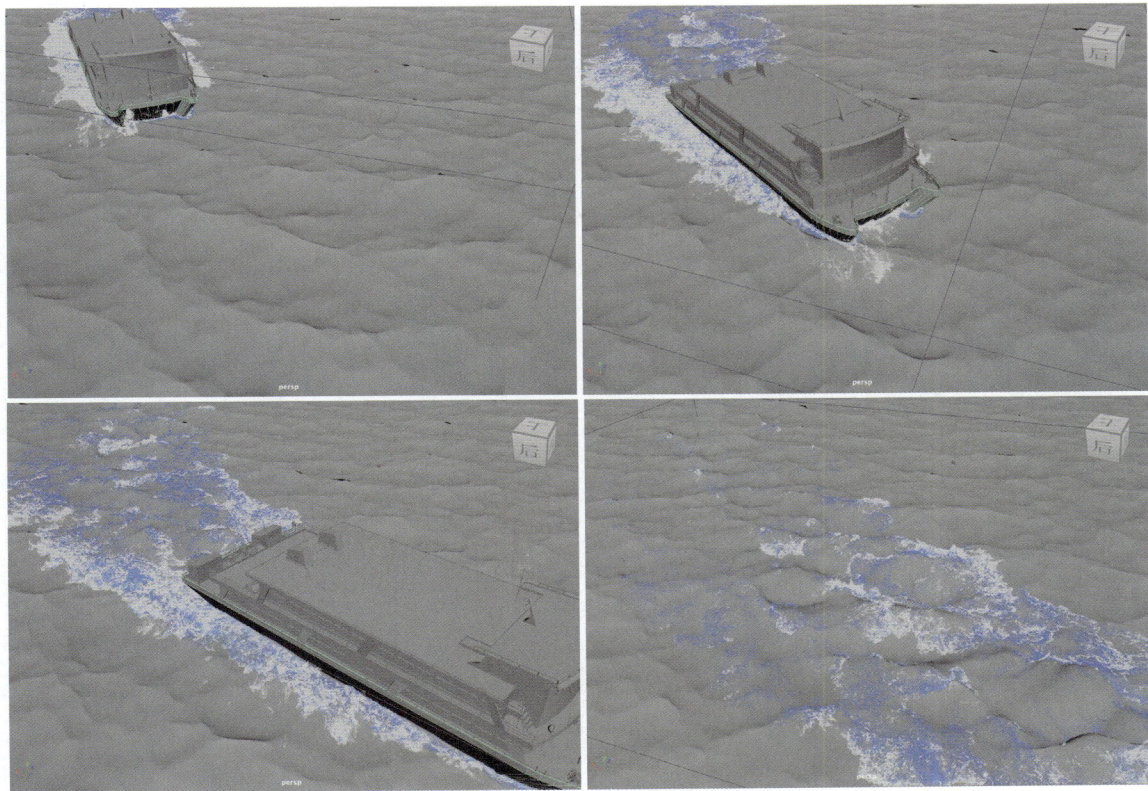

图4-76

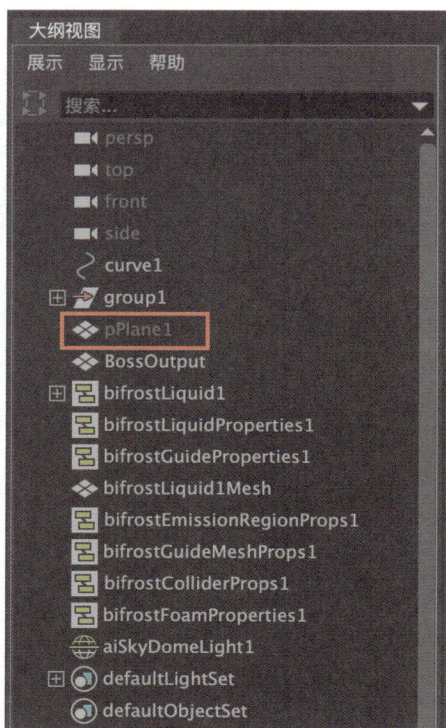

图4-77

图4-78

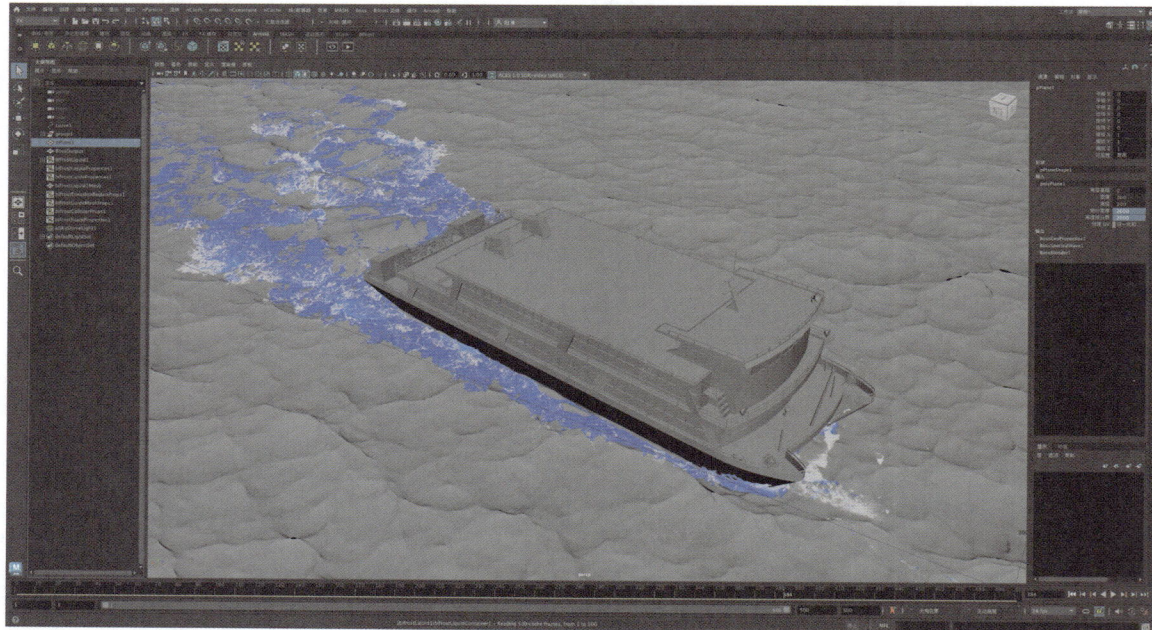

图4-79

图4-80

> **提示**　有关灯光及海洋材质的讲解，用户可以参考接下来的章节进行学习。

▶05　如图4-81所示为调整了"细分宽度"和"高度细分数"前后的渲染结果对比。通过对比可以发现，提高了"细分宽度"和"高度细分数"这2个参数值后，海洋的纹理细节明显增多了。

技术专题——浪花飞溅参数测试

在本实例中，用于控制游艇与海面碰撞所产生的浪花大小主要由液体的"厚度"值所控制。我们可以尝试更改"厚度"值来测试该值对浪花及泡沫所产生的影响。具体操作步骤如下。

▶01　在"大纲视图"面板中选择液体发射器对象，如图4-82所示。
▶02　在"属性编辑器"面板中展开"转化"卷展栏，设置"厚度"值为3，如图4-83所示。

▶03　设置完成后，开始重新对Bifrost液体对象进行模拟，得到的浪花及泡沫模拟结果如图4-84所示。

图4-81

图4-82

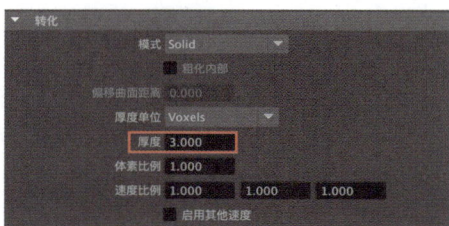

图4-83

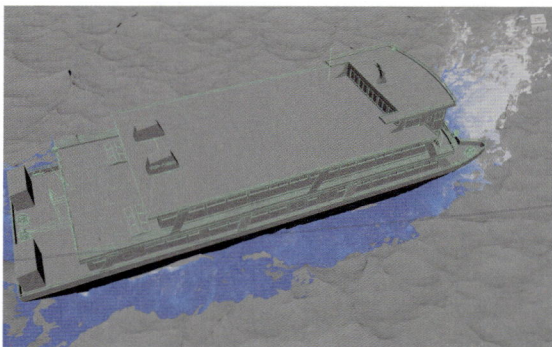

图4-84

▶04 接下来，将"厚度"更改为5，并再次开始对Bifrost液体对象进行模拟，得到的浪花及泡沫模拟结果如图4-85所示。

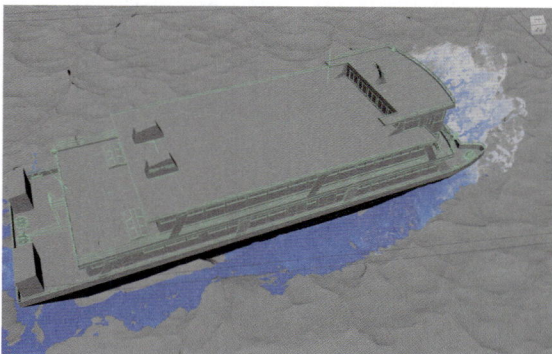

图4-85

▶05 通过对比可以发现，不同的"厚度"值对于模拟出来的浪花及泡沫结果影响较大，所以用户在以后的类型项目中可以尝试更改该值，对液体多次模拟来选择较为合适的模拟结果。

4.5 使用标准曲面材质制作海洋材质

▶01 选择海洋模型，如图4-86所示。

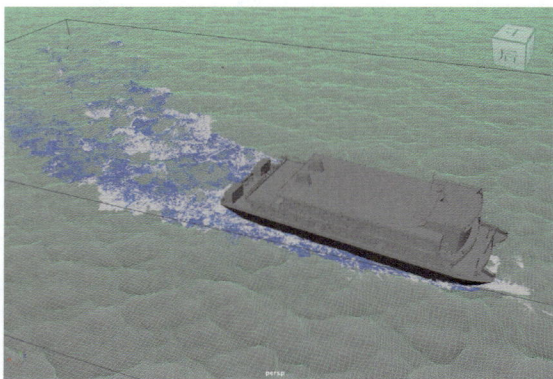

图4-86

▶02 单击"渲染"工具架上的"标准曲面材质"图标，为其指定"渲染"工具架中的"标准曲面材质"，如图4-87所示。

图4-87

▶03 在"属性编辑器"面板中，设置"基础"卷展栏内的"颜色"为深绿色，如图4-88所示。其中，"颜色"的参数设置如图4-89所示。

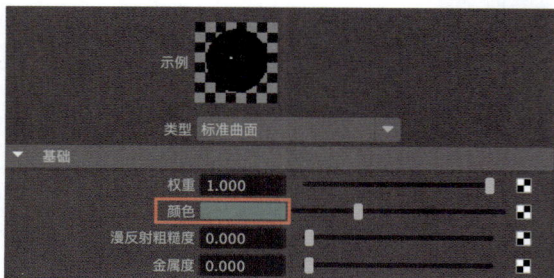

图4-88

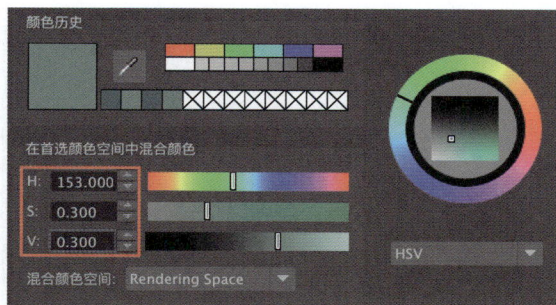

图4-89

▶04 展开"镜面反射"卷展栏,设置"粗糙度"为0.1,如图4-90所示。

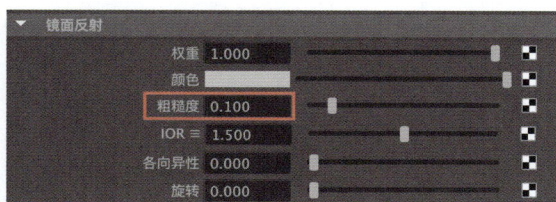

图4-90

▶05 展开"透射"卷展栏,设置"权重"的值为0.7,设置"颜色"为深绿色,如图4-91所示。"颜色"的参数设置如图4-92所示。

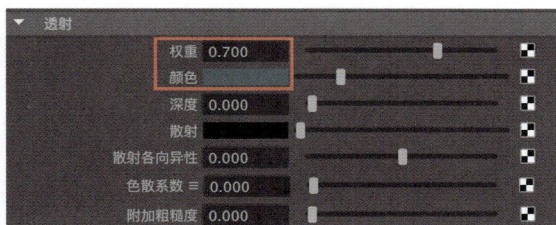

图4-91

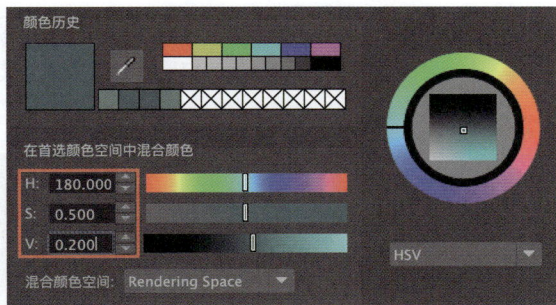

图4-92

▶06 制作完成的海洋材质球显示效果如图4-93所示。

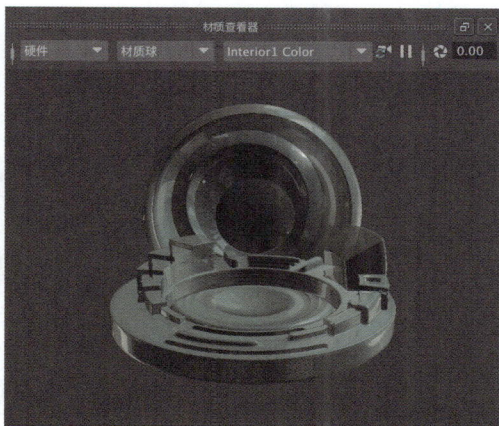

图4-93

4.6 灯光设置

▶01 材质设置完成后,接下来,为场景创建灯光。单击Arnold工具架上的Create Physical Sky(创建物理天空)图标,在场景中创建物理天空灯光,如图4-94所示。

图4-94

▶02 在Physical Sky Attributes(物理天空属性)卷展栏中,设置Elevation(海拔)为25,设置Azimuth(方位)为270,设置Intensity(强度)为6,Sun Size(太阳大小)为5,如图4-95所示。

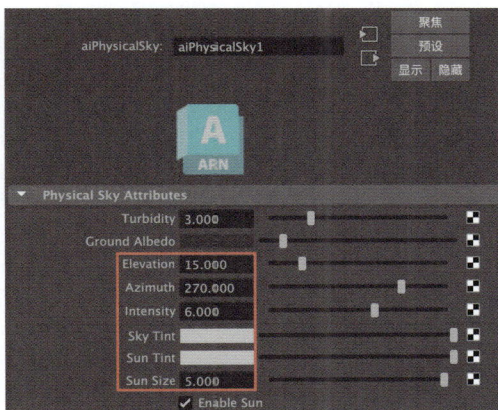

图4-95

▶03 设置完成后，选择几个自己喜欢的角度来渲染场景，添加了材质和灯光的海洋波浪最终渲染结果如图4-96~图4-98所示。

图4-98

图4-96

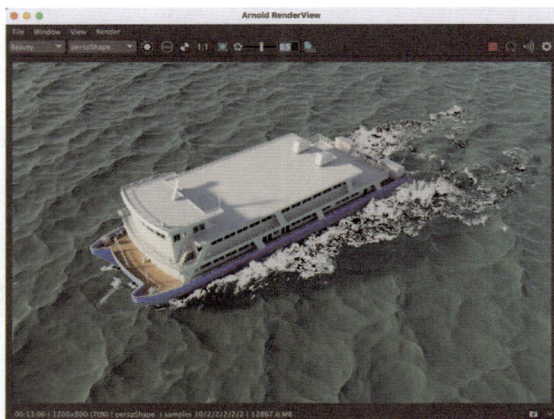

图4-97

第5章

穿透云层——流体云制作技术

5.1 实例简介

本实例通过制作一个飞机穿过天空云层的特写镜头来详细讲解Maya中流体的使用方法，实例最终完成效果如图5-1所示。

图5-1

在制作该实例之前，我们也可以观察一下真实世界天空中的云朵，如图5-2和图5-3所示为使用相机拍摄的2张云朵照片。

图5-2

图5-3

5.2 制作云朵形态

5.2.1 使用噪波制作云发射贴图

▶01 打开Maya 2023软件，单击Maya"多边形建模"工具架上的"多边形平面"图标，如图5-4所示。在场景中创建一个平面模型。

图5-4

▶02 在"通道盒/层编辑器"面板中，调整平面的参数值如图5-5所示。

▶03 设置完成后，平面模型的视图显示结果如图5-6所示。

▶04 选择平面模型，单击"渲染"工具架上的"表面材质"图标，如图5-7所示。为其指定新材质。

▶05 在"表面着色器属性"卷展栏中，单击"输出颜色"属性后面的方形按钮，如图5-8所示。

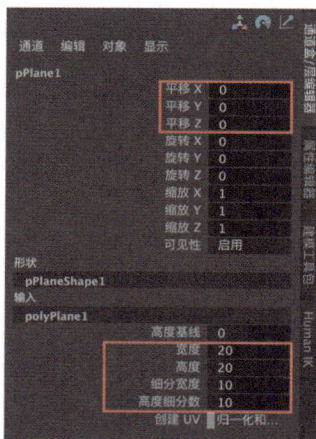

图5-5

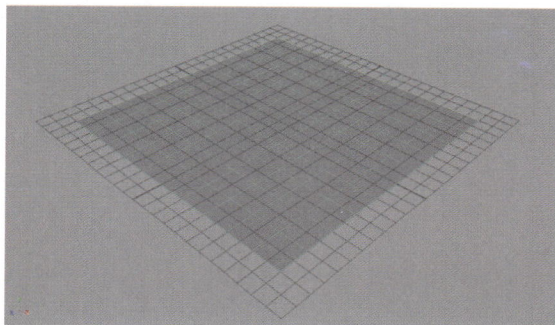

图5-6

图5-7

图5-8

▶06 在弹出的"创建渲染节点"对话框中，单击

"噪波"图标，如图5-9所示。

图5-9

▶07 在操作视图上方的工具条上单击"带纹理"按钮，如图5-10所示，即可在视图中看到噪波渲染节点的默认纹理效果。

图5-10

▶08 在"噪波属性"卷展栏中调整"振幅"的值为3，"比率"的值为0.1，"频率比"的值为1，"频率"的值为1，"密度"的值为0.1，如图5-11所示。

▶09 设置完成后，在视图中观察"噪波"渲染节点的纹理显示结果，如图5-12所示。

▶10 将"属性编辑器"面板切换至place2dTexture1选项卡，展开"2D纹理放置属性"卷展栏，设置"UV向重复"的值为（2，1），如图5-13所示。

益"属性后面的方形按钮，如图5-15所示。

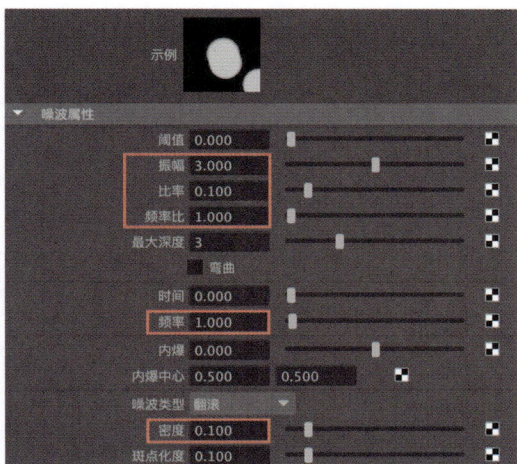

图5-11

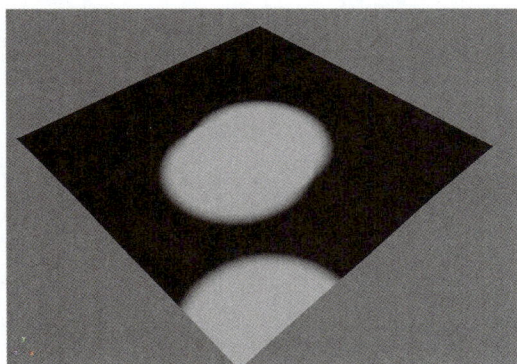

图5-14

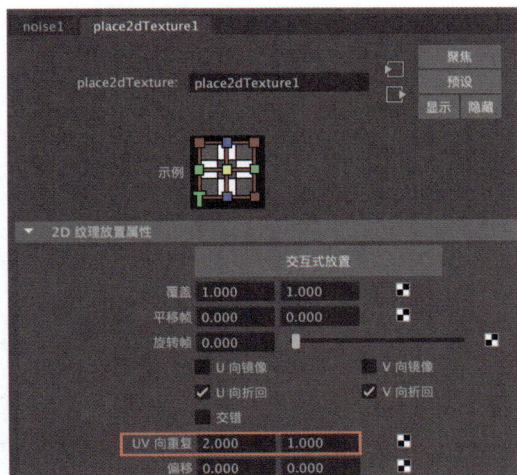

图5-12

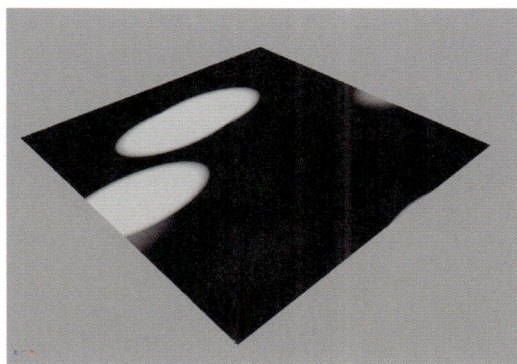

图5-15

▶13 在弹出的"创建渲染节点"对话框中，单击"噪波"图标，如图5-16所示。

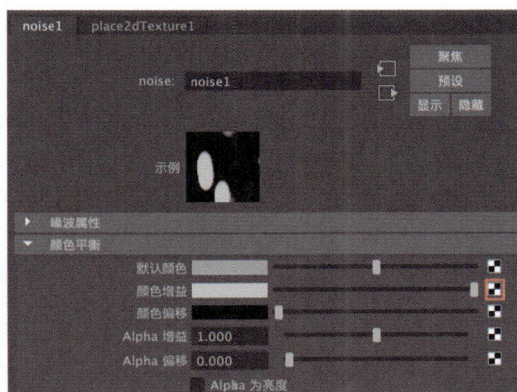

图5-13

▶11 设置完成后，在视图中观察"噪波"渲染节点的纹理，如图5-14所示。

▶12 在"颜色平衡"卷展栏中，单击"颜色增

图5-16

71

▶14 添加"噪波"渲染节点后的模型纹理显示结果如图5-17所示。

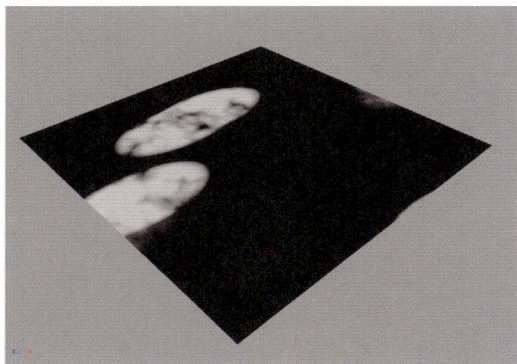

图5-17

▶15 在自动弹出的noise2选项卡中，展开"噪波属性"卷展栏，调整"振幅"的值为4，"频率"的值为30，"噪波类型"选项设置为"柏林噪波"，如图5-18所示。

▶16 设置完成后，模型纹理的视图显示结果如图5-19所示。

▶17 接下来，为"噪波"渲染节点的"时间"属性设置表达式，在"时间"属性后面的文本框内输入"=time"后，按Enter键，如图5-20所示。

▶18 设置完成后，"时间"属性的文本框背景呈紫色显示，如图5-21所示。拖动关键帧，即可在视图中观察到，随着关键帧的变化，平面模型上的贴图纹理也在发生改变。

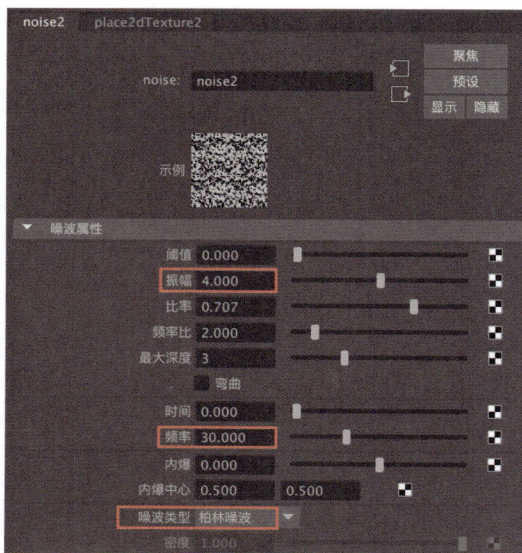

图5-18

图5-19

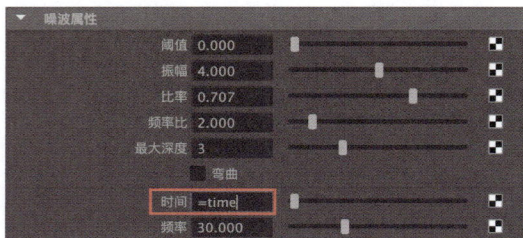

图5-20

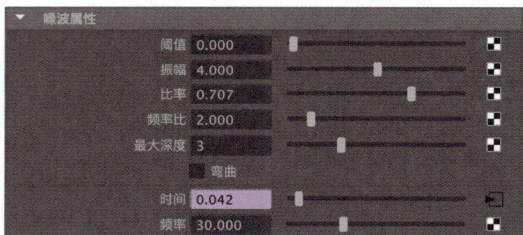

图5-21

▶19 设置完成后，拖动时间滑块，可以看到纹理贴图的动画效果如图5-22和图5-23所示。

图5-22

图5-23

5.2.2 使用3D流体容器模拟云朵

▶01 在FX工具架中，单击"具有发射器的3D流体容器"图标，如图5-24所示。在场景中将自动创建一个具有发射器的3D流体容器。

图5-24

▶02 在"大纲视图"面板中可以看到新生成的流体容器和发射器，如图5-25所示。

▶03 在"大纲视图"面板中选择流体发射器对象，如图5-26所示，并按Delete键，将其删除。

▶04 在"大纲视图"面板中选择流体容器和平面模型，如图5-27所示。

图5-25

图5-26

图5-27

▶05 在FX工具架上单击"从对象发射流体"图标，如图5-28所示，即可将平面模型设置为流体容器的发射器。

图5-28

▶06 设置完成后，观察"大纲视图"面板，可以看到现在流体发射器位于平面的下方，其层级关系如图5-29所示。

图5-29

▶**07** 选择3D流体容器，在"属性编辑器"面板中展开"容器特性"卷展栏，参数设置如图5-30所示。

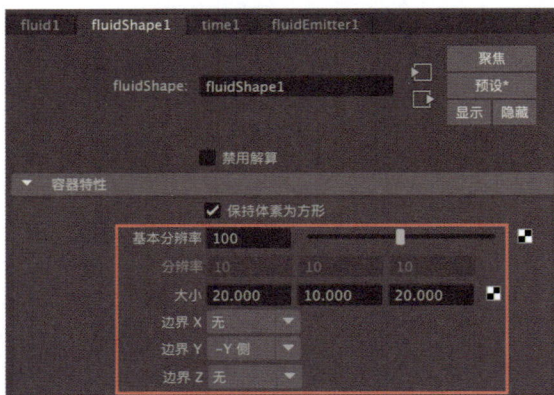

图5-30

▶**08** 在视图中，调整3D流体容器的位置，如图5-31所示。

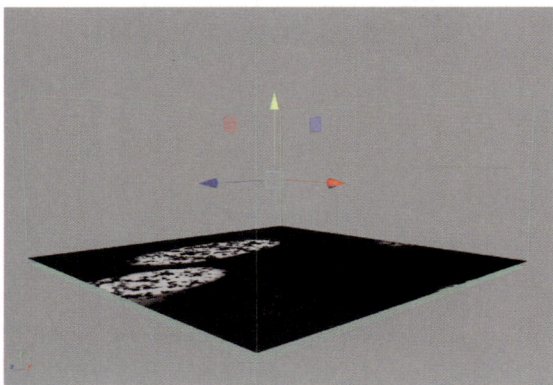

图5-31

▶**09** 展开"内容方法"卷展栏，将"温度"和"燃料"设置为"动态栅格"，如图5-32所示。

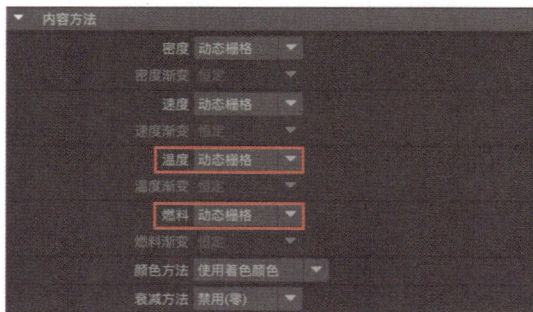

图5-32

▶**10** 展开"动力学模拟"卷展栏，将"高细节解算"设置为"所有栅格"，如图5-33所示。

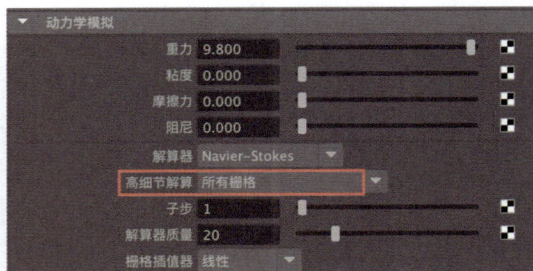

图5-33

▶**11** 将"属性编辑器"面板切换至fluidEmitter1选项卡，在第6帧位置处展开"流体属性"卷展栏，设置"密度/体素/秒"为50，"热量/体素/秒"为15，"燃料/体素/秒"为15，并为这3个属性分别设置关键帧，设置完成后，这3个属性的数值背景色会变为红色显示状态，如图5-34所示。

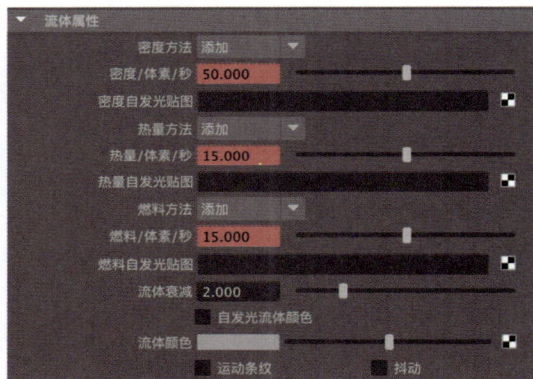

图5-34

▶**12** 在第7帧位置处，设置"密度/体素/秒"为0，"热量/体素/秒"为0，"燃料/体素/秒"为0，并为这3个属性分别设置关键帧，如图5-35所示。

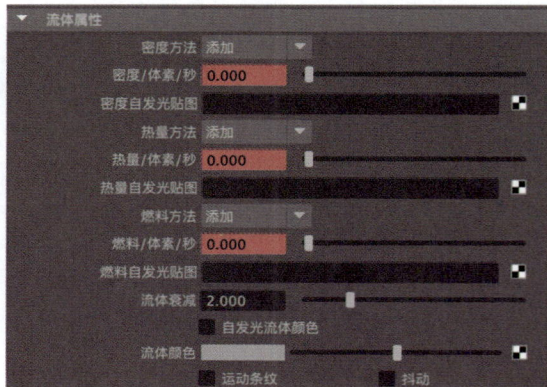

图5-35

13 设置完成后，拖动时间滑块，可以看到流体的产生状态如图5-36所示。

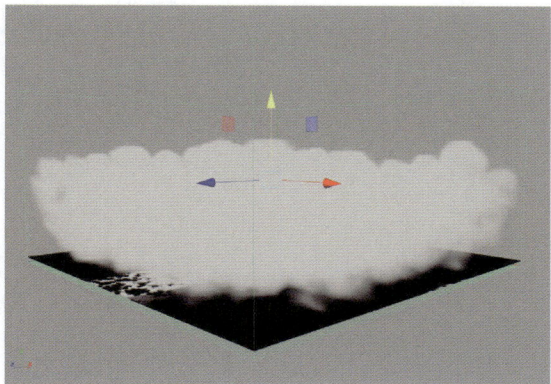

图5-36

14 接下来，使用5.2.1节所制作的噪波贴图来控制流体的发射范围。选择平面，将噪波贴图的名称找到并使用组合键（MAC系统：command+C/Windows系统：Ctrl+C），如图5-37所示。

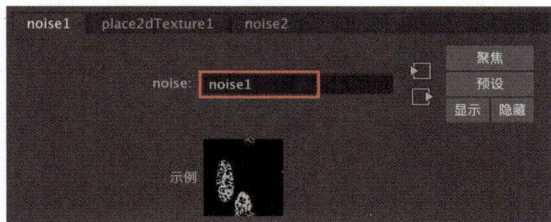

图5-37

15 在"密度发射贴图""热量发射贴图"和"燃料发射贴图"参数后面的本文框内粘贴之前复制的噪波贴图名称noise1，如图5-38所示。这样，就可以使用之前所设置的"噪波"渲染节点来控制流体云的生成效果了。

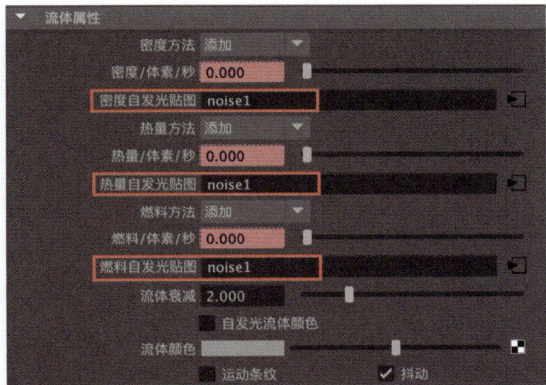

图5-38

16 再次重新播放场景动画，当时间帧为第11帧时，观察场景可以看到平面所产生的流体效果如图5-39所示。

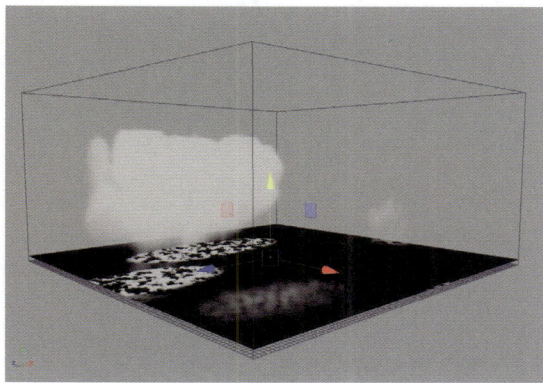

图5-39

技术专题——"容器特性"卷展栏命令解析

展开"容器特性"卷展栏，其中的参数设置如图5-40所示。

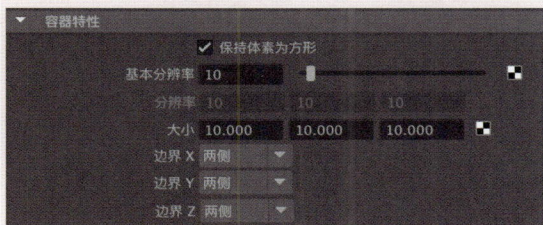

图5-40

工具解析：

- 保持体素为方形：该复选框处于勾选状态时，可以使用"基本分辨率"属性来同时调整流体 X、Y 和 Z 方向的分辨率。

- 基本分辨率："保持体素为方形"处于勾选状态时可用。"基本分辨率"定义容易沿流体最大轴的分辨率。沿较小维度的分辨率将减少，以保持方形体素。"基本分辨率"的值越大，容器的栅格越密集，计算精度越高，如图5-41所示分别为该值是10和30的栅格密度显示对比。

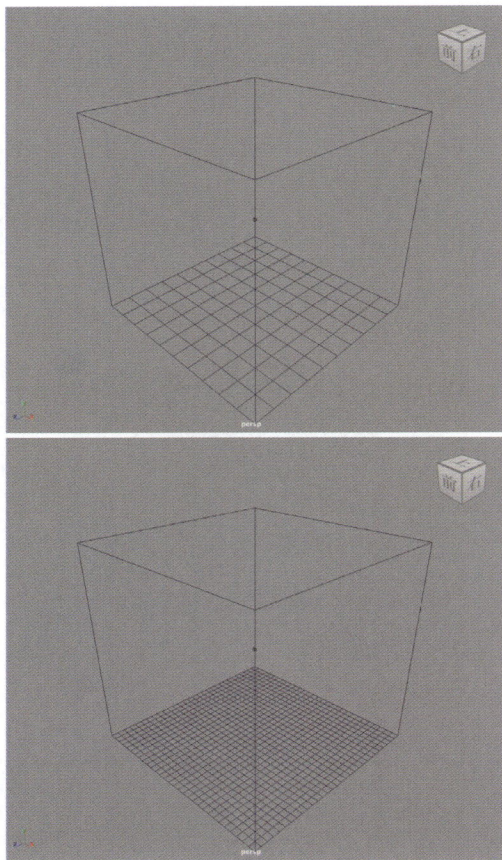

图5-41

图5-43

- **分辨率**：以体素为单位定义流体容器的分辨率。
- **大小**：以厘米为单位定义流体容器的大小。
- **边界X/Y/Z**：用来控制流体容器的边界处处理特性值的方式，有"无""两侧""-X/Y/Z侧""X/Y/Z侧"和"折回"这几种方式可选，如图5-42所示。
- **无**：使流体容器的所有边界保持开放状态，以便流体行为就像边界不存在一样。如图5-43所示分别为在"边界Y"方向上设置"无"的前后效果对比。

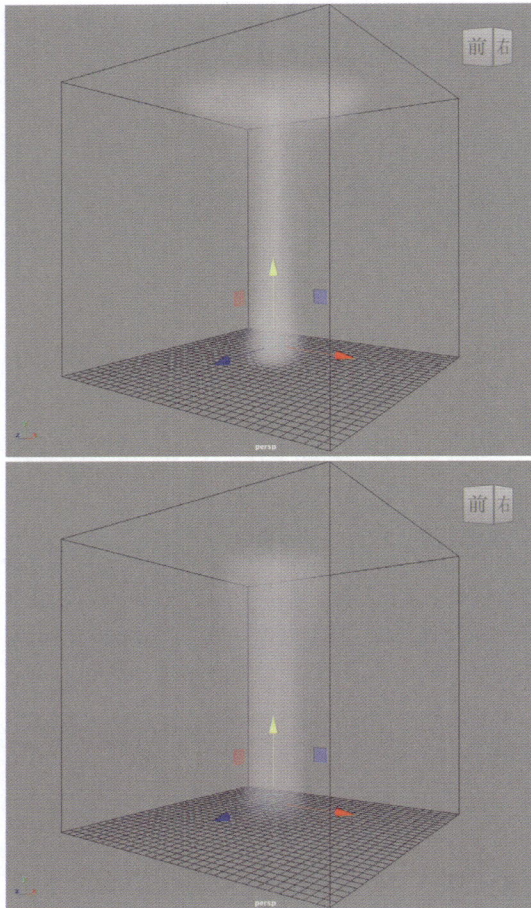

图5-42

- **两侧**：关闭流体容器的两侧边界，类似于两堵墙。
- **-X/Y/Z侧**：分别关闭 -X、-Y 或 -Z 边界，从而使其类似于墙。
- **X/Y/Z侧**：分别关闭 X、Y 或 Z 边界，从而使其类似于墙。
- **折回**：导致流体从流体容器的一侧流出，在另一侧进入。如图5-44所示分别为在"边界X"上设置了"两侧"和"折回"的前后效果对比。

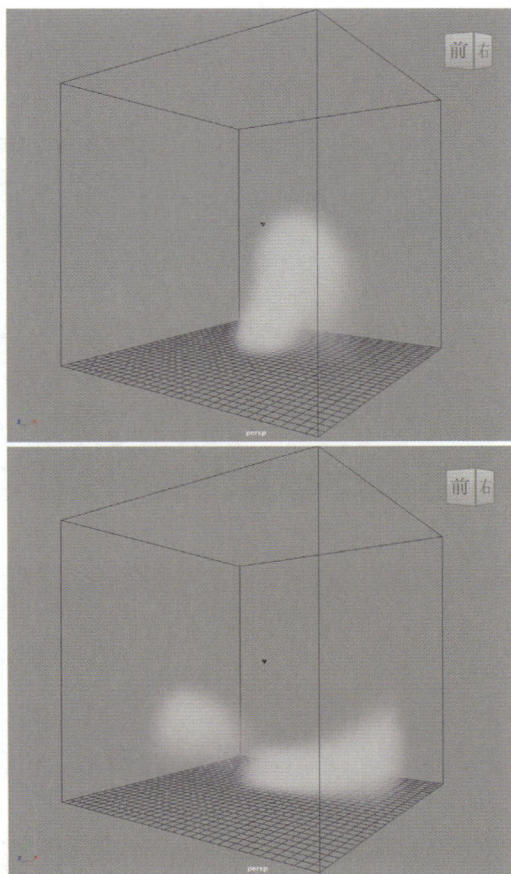

图5-44

技术专题——"内容方法"卷展栏命令解析

展开"内容方法"卷展栏，其中的参数设置如图5-45所示。

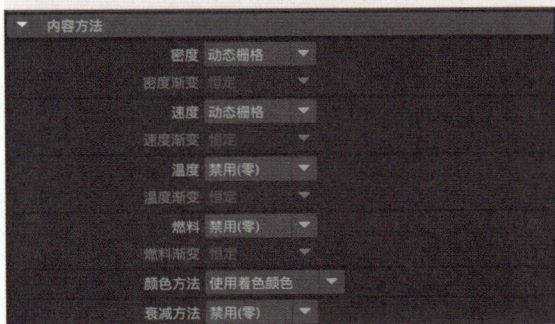

图5-45

工具解析：

- 密度/速度/温度/燃料：分别有"禁用（零）"

"静态栅格""动态栅格"和"渐变"这几种方式选择，用来分别控制这4个属性，如图5-46所示。

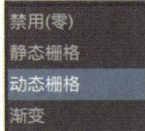

图5-46

- 禁用(零)：在整个流体中将特性值设定为 0。设定为"禁用"时，该特性对动力学模拟没有效果。

- 静态栅格：为特性创建栅格，允许用户用特定特性值填充每个体素，但是它们不能由于任何动力学模拟而更改。

- 动态栅格：为特性创建栅格，允许用户使用特定特性值填充每个体素，以便用于动力学模拟。

- 渐变：使用选定的渐变以便用特性值填充流体容器。

- 颜色方法：只在定义了"密度"的位置显示和渲染，有"使用着色颜色""静态栅格"和"动态栅格"3种方式可选。

- 衰减方法：将衰减边添加到流体的显示中，以避免流体出现在体积部分中。

技术专题——"动力学模拟"卷展栏命令解析

展开"动力学模拟"卷展栏，其中的参数设置如图5-47所示。

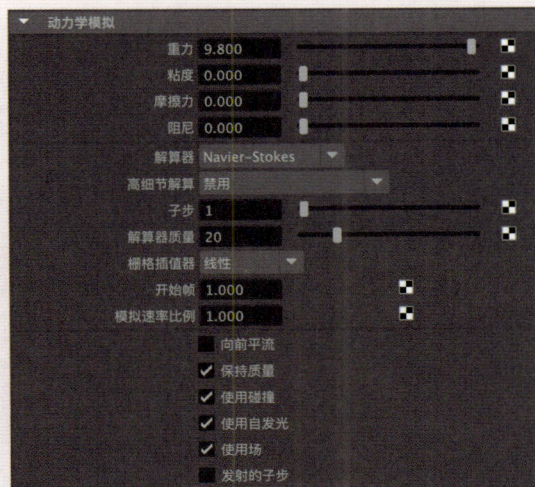

图5-47

工具解析：

- 重力：用来模拟流体所受到的地球引力。

- 粘度：表示流体流动的阻力，或材质的厚度及非液态程度。该值很高时，流体像焦油一样流动。该值很小时，流体像水一样流动。

- 摩擦力：定义在"速度"解算中使用的内部摩擦力。
- 阻尼：在每个时间步上定义阻尼接近零的"速度"分散量。
- 解算器：Maya所提供的解算器有"无"、Navier-Stokes和"弹簧网格"3种可选。使用Navier-Stokes解算器适合用来模拟烟雾流体动画，使用"弹簧网格"则适合用来模拟水面波浪动画。
- 高细节解算：用来提高流体的模拟细节。
- 子步：指定解算器在每帧执行计算的次数。
- 解算器质量：值越高，流体模拟的效果质量越好，反之亦然。
- 栅格插值器：选择要使用哪种插值算法来进行流体模拟计算。
- 开始帧：设定在哪个帧之后开始模拟。
- 模拟速度比例：控制模拟出来的流体动画速度。

5.2.3　提高云朵模拟的细节

▶01 选择3D流体容器，在"属性编辑器"面板中展开"速度"卷展栏，调整"漩涡"的值为5，调整"噪波"的值为0.5，如图5-48所示。

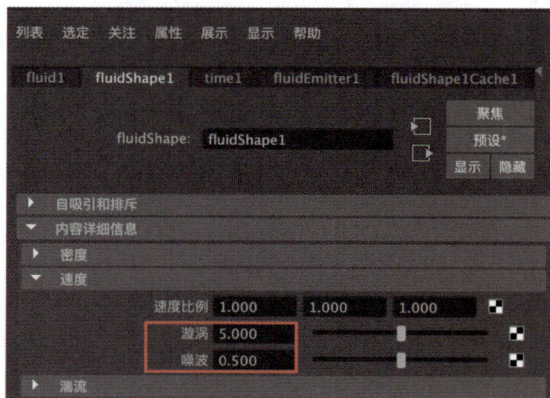

图5-48

▶02 在"温度"卷展栏中，调整"湍流"的值为5，如图5-49所示。

▶03 在"密度"卷展栏中，设置"浮力"的值为0.5，并在第20帧位置处设置关键帧，如图5-50所示。

▶04 在第21帧位置处，设置"浮力"的值为0，并

再次为其设置关键帧，如图5-51所示。

▶05 在"照明"卷展栏中，勾选"自阴影"复选框，如图5-52所示。

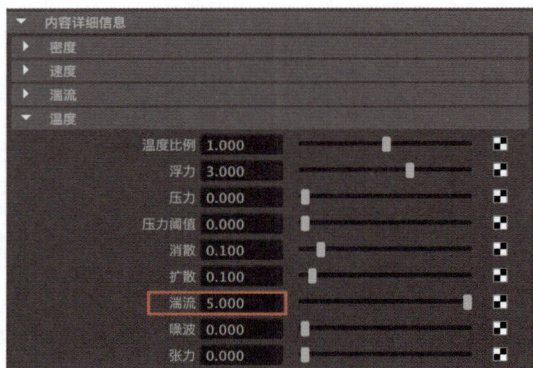

图5-49

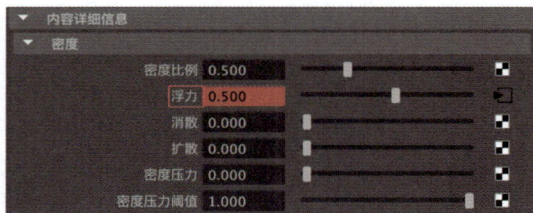

图5-50

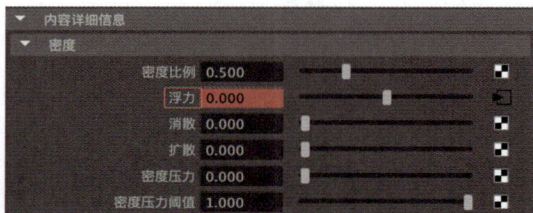

图5-51

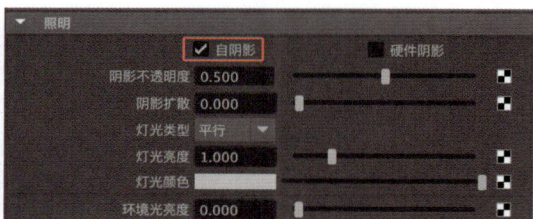

图5-52

▶06 设置完成后，播放场景动画，流体云的模拟效果如图5-53所示。

▶07 在"白炽度"卷展栏中，设置"选定颜色"为蓝灰色，设置"白炽度输入"为"密度"，如图5-54所示。其中，"选定颜色"的参数设置如图5-55所示。

▶08 设置完成后，流体云的视图显示结果如图5-56所示。

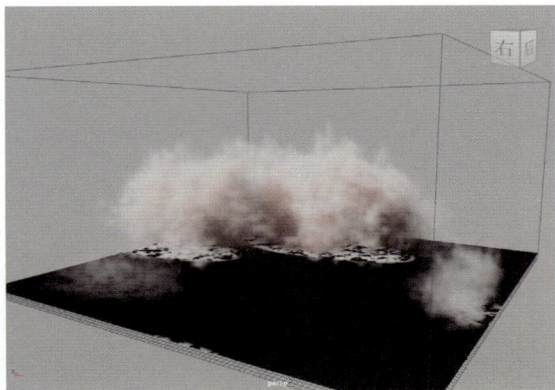

图5-53

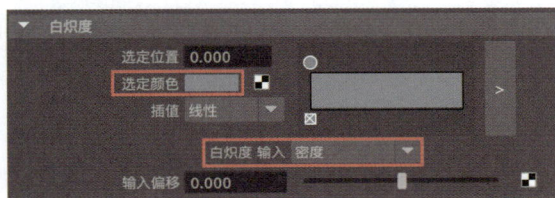

图5-54

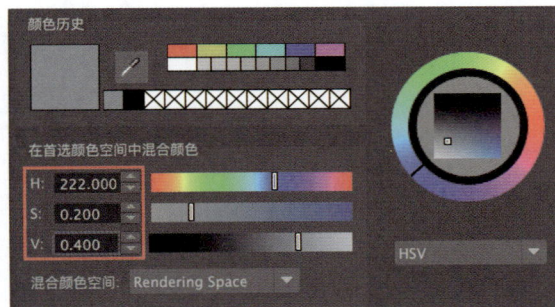

图5-55

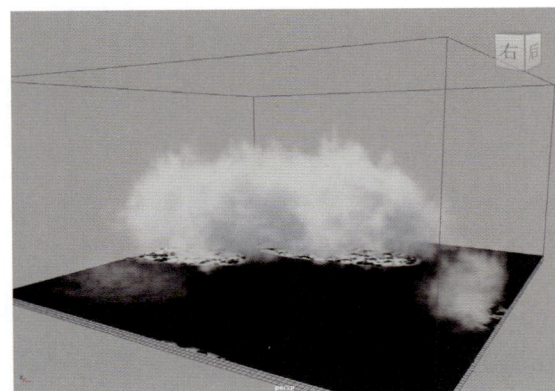

图5-56

技术专题——"速度"卷展栏命令解析

展开"速度"卷展栏，其中的参数设置如图5-57所示。

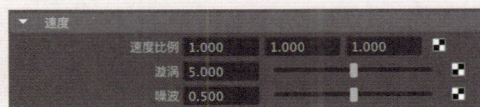

图5-57

工具解析：

● 速度比例：根据流体的X/Y/Z方向来缩放速度。

● 漩涡：在流体中生成漩涡流动效果，如图5-58所示为该值分别是2和10时的流体动画效果对比。

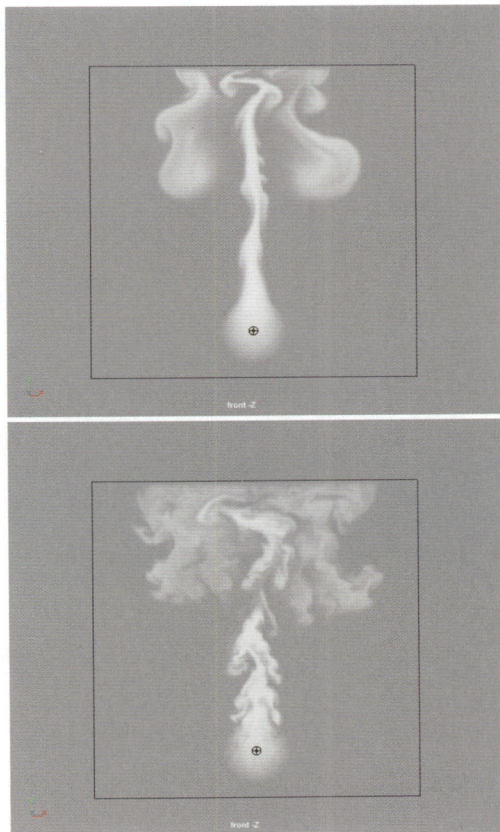

图5-58

● 噪波：对速度值应用随机化以便在流体中创建湍流，如图5-59所示为该值分别是0.5和2时的流体动画效果对比。

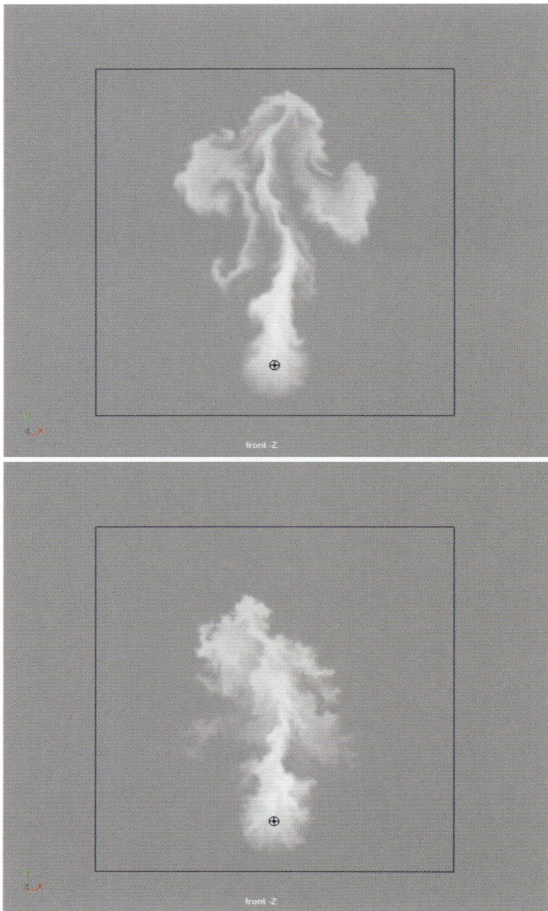

图5-59

技术专题——"温度"卷展栏命令解析

展开"温度"卷展栏，其中的参数设置如图5-60所示。

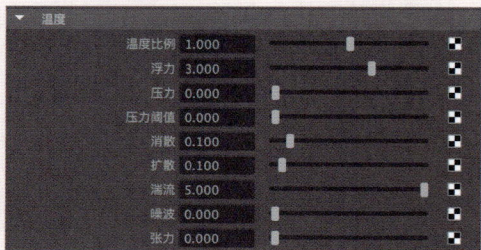

图5-60

主要工具解析：

- 温度比例：与容器中定义的"温度"值相乘，得到流体动画效果。
- 浮力：设置温度所产生的浮力强度。

- 压力：模拟由于气体温度增加而导致的压力效果。
- 消散：控制温度所产生的流体消散速率。
- 扩散：控制温度所产生的流体扩散效果。
- 湍流：控制温度所产生的湍流效果。
- 噪波：控制温度所产生的噪波效果。
- 张力：控制温度所产生的张力效果。

技术专题——"照明"卷展栏命令解析

展开"照明"卷展栏，其中的参数设置如图5-61所示。

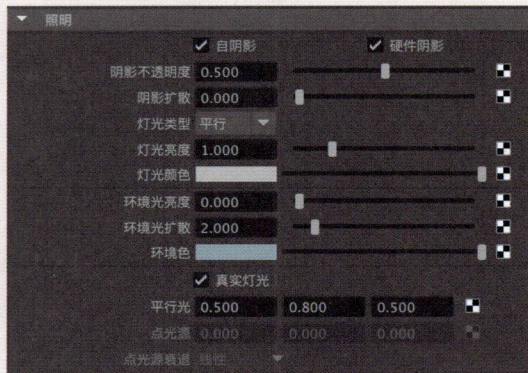

图5-61

工具解析：

- 自阴影：勾选此复选框可计算自身阴影，如图5-62所示分别为勾选该复选框前后的流体显示结果对比。
- 硬件阴影：勾选此复选框，以便在模拟期间（硬件绘制）使流体实现自身阴影效果（流体将阴影投射到自身）。
- 阴影不透明度：使用此属性可使流体投射的阴影变亮或变暗。
- 阴影扩散：控制流体内部阴影的柔和度，以模拟局部灯光散射。
- 灯光类型：设定在场景视图中显示流体时，与流体一起使用的内部灯光类型。
- 灯光亮度：设定流体内部灯光的亮度，如图5-63所示分别为该值是1和3的流体显示结果对比。
- 灯光颜色：设定流体内部灯光的颜色，如图5-64所示分别为"灯光颜色"设置为不同颜色后的流体显示结果对比。

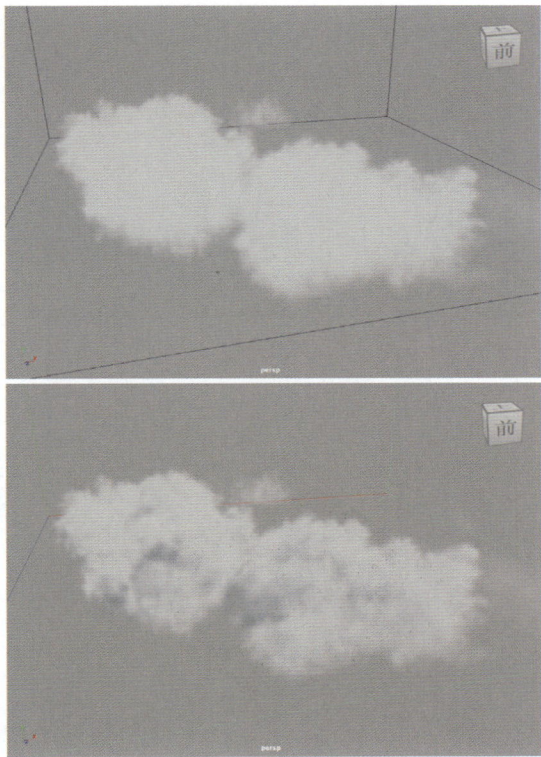

图5-62

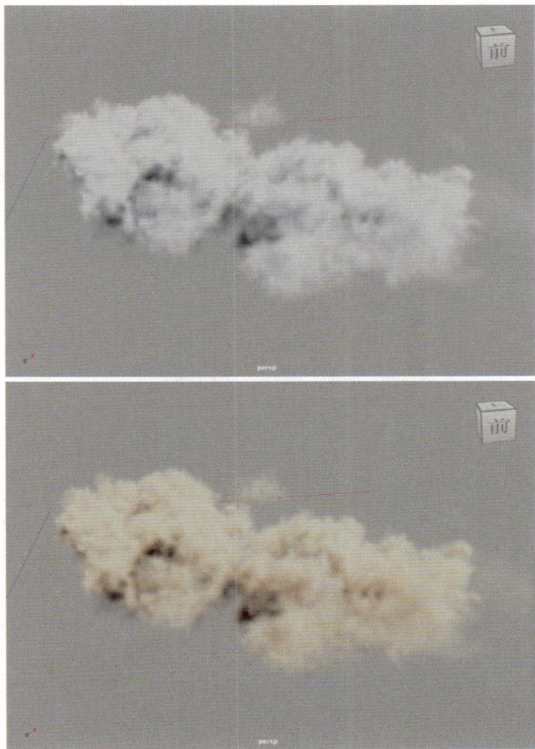

图5-63

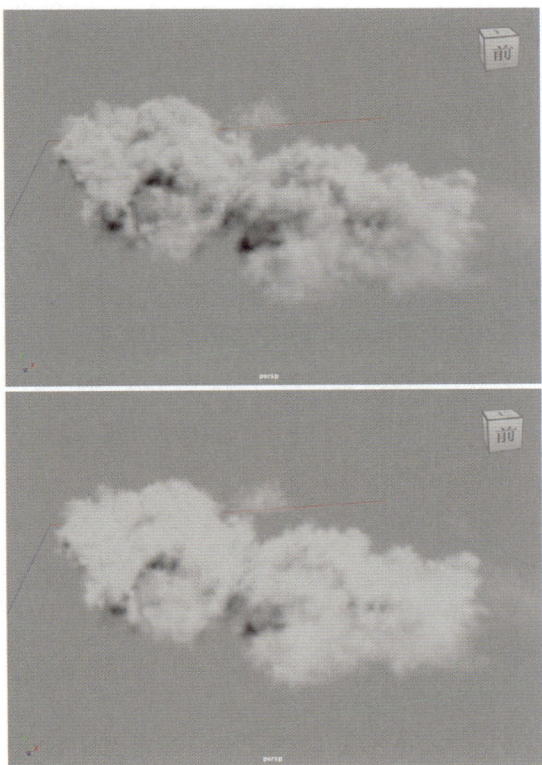

图5-64

- 环境光亮度：设定流体内部环境光的亮度。
- 环境光扩散：控制环境光如何扩散到流体密度。
- 环境色：设定内部环境光的颜色。
- 真实灯光：使用场景中的灯光进行渲染。
- 平行光：设置流体内部平行光的 X、Y 和 Z 构成。
- 点光源：设置流体内部点光源的 X、Y 和 Z 构成。

5.2.4　使用体积轴调整云朵形状

▶01 选择场景中的3D流体容器，执行"场/解算器" | "体积轴"命令，为3D流体容器添加"体积轴"，如图5-65所示，即可在场景中创建一个体积轴，如图5-66所示。

▶02 在"通道盒/层编辑器"面板中，设置体积轴的参数值，如图5-67所示。

▶03 在"体积速率属性"卷展栏中，设置"远离中心"为0，"平行光速率"为0.5，"方向"为（0，0，−1），如图5-68所示。

图5-65

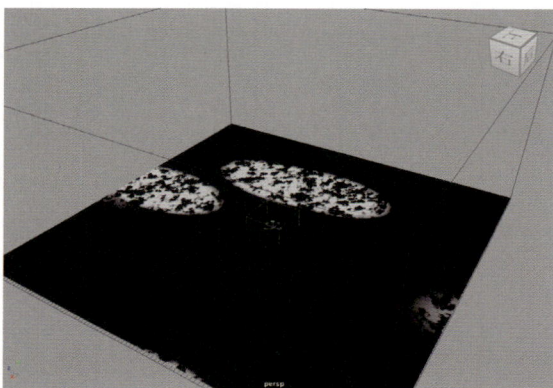

图5-66

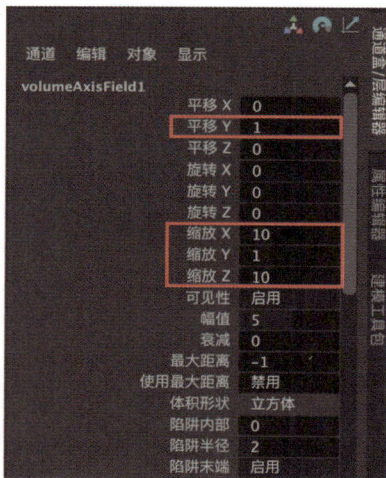

图5-67

▶04 设置完成后，体积轴的视图显示结果如图5-69所示。

▶05 在第20帧位置处，为"平行光速率"设置关键帧，如图5-70所示。

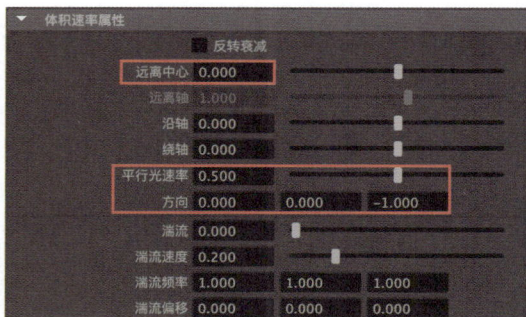

图5-68

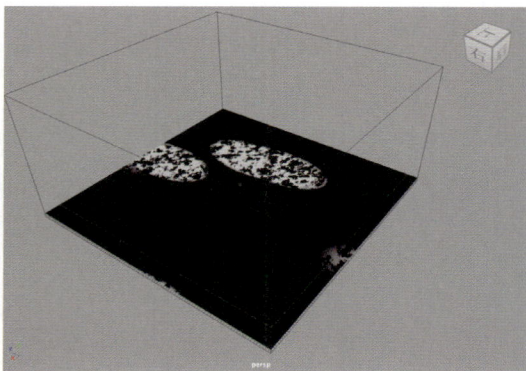

图5-69

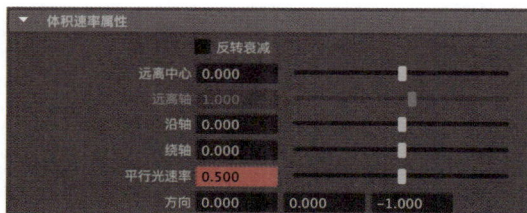

图5-70

▶06 在第21帧位置处，设置"平行光速率"为0，并再次为该值设置关键帧，如图5-71所示。

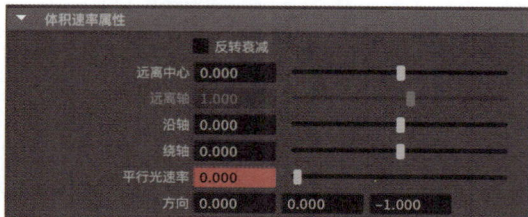

图5-71

▶07 设置完成后，播放场景动画，模拟出来的云层效果如图5-72所示。

▶08 在"容器特性"卷展栏中，设置"基本分辨率"为300，如图5-73所示。

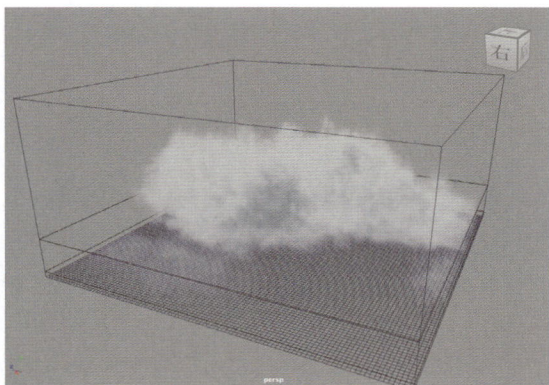
图5-72

图5-73

> **提示**　提高了"基本分辨率"值后，可以得到细节更加丰富的流体云模拟效果，同时，这也意味着Maya软件会需要更多的时间来生成更大的缓存文件。

▶09 另外需要注意的是，将"基本分辨率"提高到300后，计算出来的云朵模拟结果在形态上与该值为100时的形态差别较大，所以，编者又对"浮力"值进行了调整。选择3D流体容器，将光标放置于"密度"卷展栏内的"浮力"参数上，右击并执行fluidShape1_densityBuoyancy.output命令，如图5-74所示。

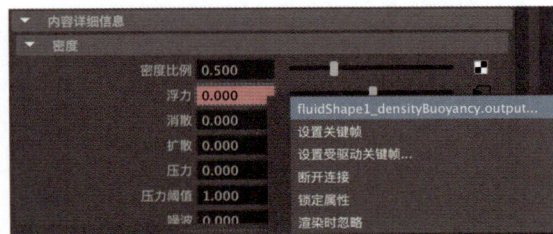
图5-74

▶10 在系统自动弹出的"动画曲线属性"卷展栏中，可以看到"浮力"值的关键帧属性，如图5-75所示。

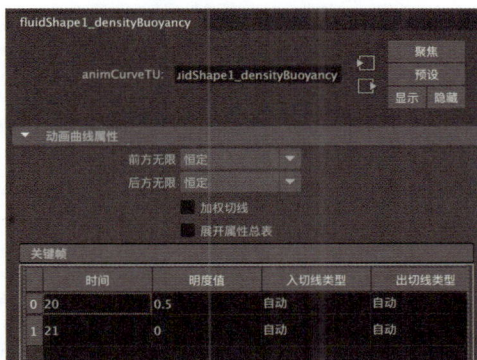
图5-75

▶11 修改"浮力"关键帧的"时间"和"明度值"，如图5-76所示。

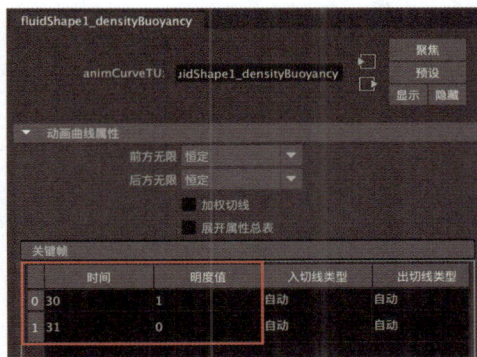
图5-76

▶12 将场景动画的时间帧调至50帧，如图5-77所示。

图5-77

▶13 单击"FX缓存"工具架上的"创建缓存"图标，如图5-78所示。为流体动画创建缓存文件。

图5-78

▶14 缓存文件创建完成后，模拟出来的云层效果如图5-79所示。

图5-79

▶15 在"着色"卷展栏中，调整"透明度"，如图5-80所示。

图5-80

▶16 设置完成后，第50帧的云朵视图显示结果如图5-81所示。

图5-81

▶17 在第50帧位置处，单击"FX缓存"工具架上的"删除缓存"图标，如图5-82所示。

▶18 再执行"场/解算器" | "初始状态" | "设置初始状态"命令，如图5-83所示。

图5-82

图5-83

▶19 设置完成后，回到场景中的第1帧位置处，现在可以看到流体会保持刚刚计算所得到的第50帧的云朵效果。

图5-84

技术专题——"显示"卷展栏命令解析

展开"显示"卷展栏，其中的参数设置如图5-85所示。

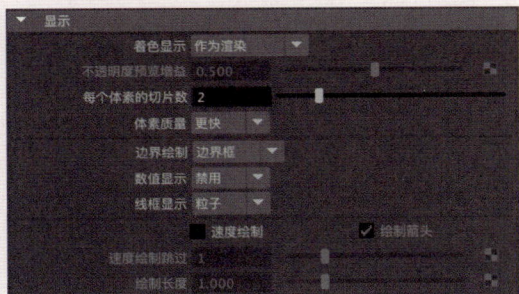

图5-85

工具解析：

● **着色显示**：定义当 Maya 处于着色显示模式时流体容器中显示哪些流体特性。

● **不透明度预览增益**：当"着色显示"设置为"密度""温度""燃料"等选项时，激活该设置，用于调节硬件显示的"不透明度"。

● **每个体素的切片数**：定义当 Maya 处于着色显示模式时每个体素显示的切片数。切片是值在单个平面上的显示。较高的值会产生更多的细节，但会降低屏幕绘制的速度。

● **体素质量**：该值设定为"更好"，在硬件显示中显示质量会更高。如果将其设定为"更

快"，显示质量会较低，但绘制速度会更快。

● **边界绘制**：定义流体容器在 3D 视图中的显示方式，有"底""精简""轮廓""完全""边界框"和"无"6个选项可选，如图5-86所示。如图5-87所示分别为这6种方式的容器显示效果。

图5-86

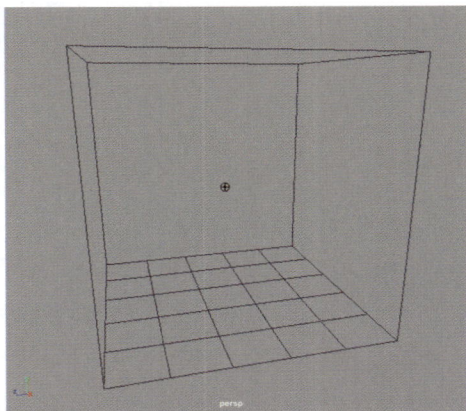

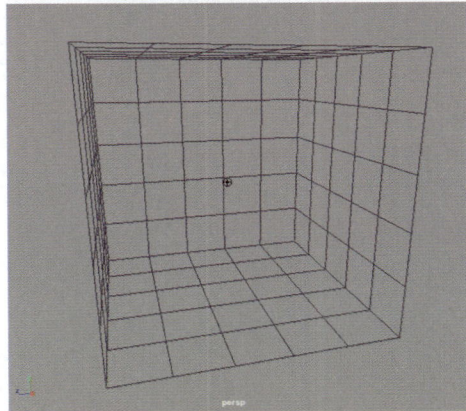

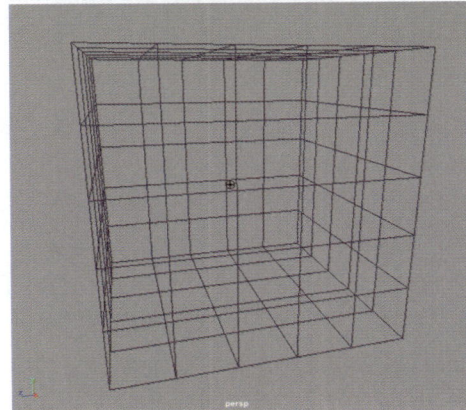

图5-87

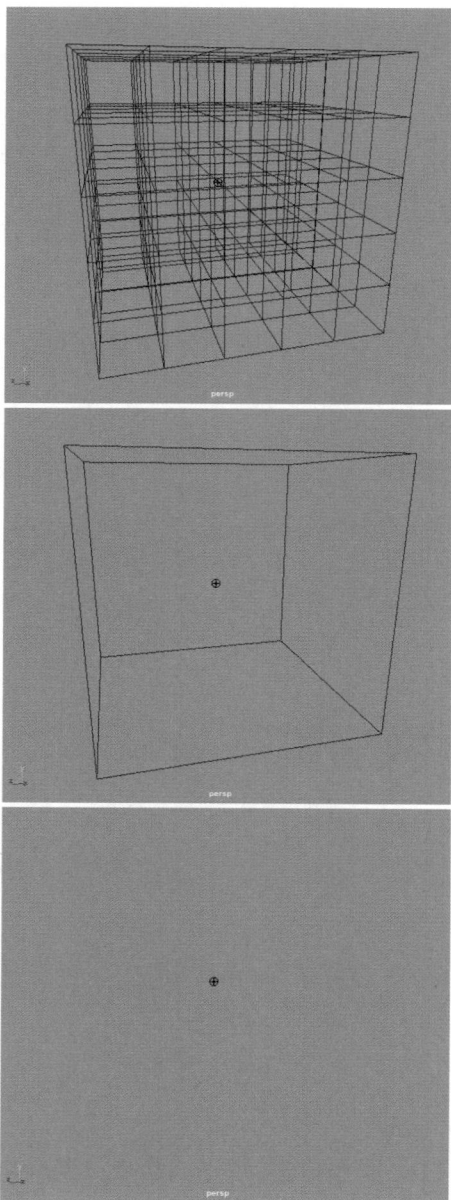

图5-87（续）

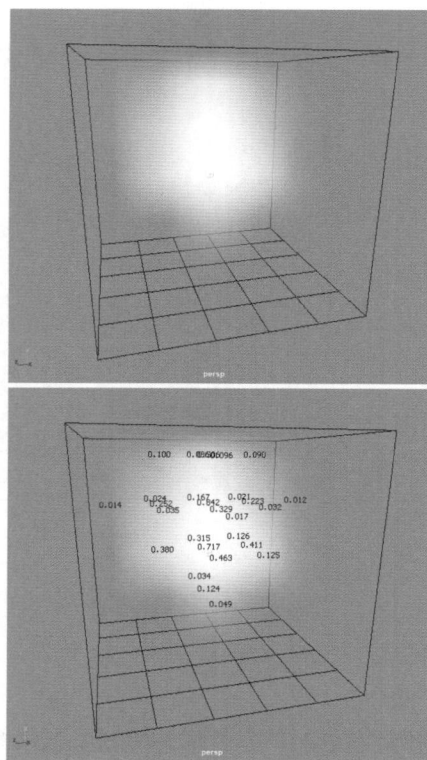

图5-88

- **数值显示**：在"静态栅格"或"动态栅格"的每个体素中显示选定特性（"密度""温度"或"燃料"）的数值。如图5-88所示为开启了"密度"数值显示前、后的屏幕效果。
- **线框显示**：用于设置流体处于线框显示下的显示方式，有"禁用""矩形"和"粒子"3种可选，如图5-89所示为"线框显示"为"矩形"和"粒子"的显示效果对比。

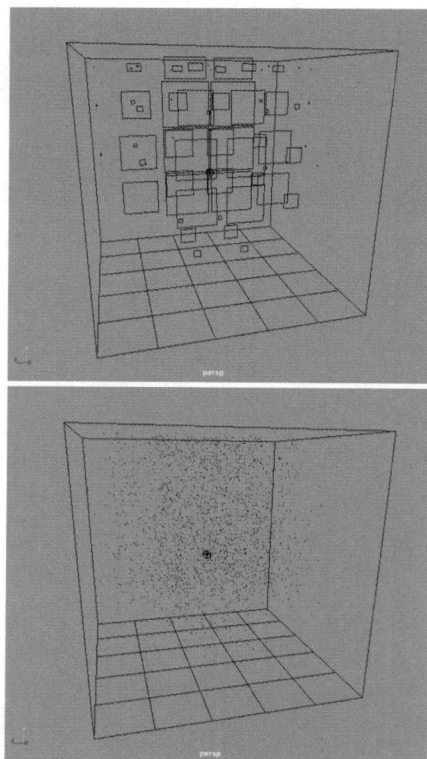

图5-89

- 速度绘制：勾选此复选框可显示流体的速度向量，如图5-90所示分别为不同"基本分辨率"下的流体速度显示效果对比。

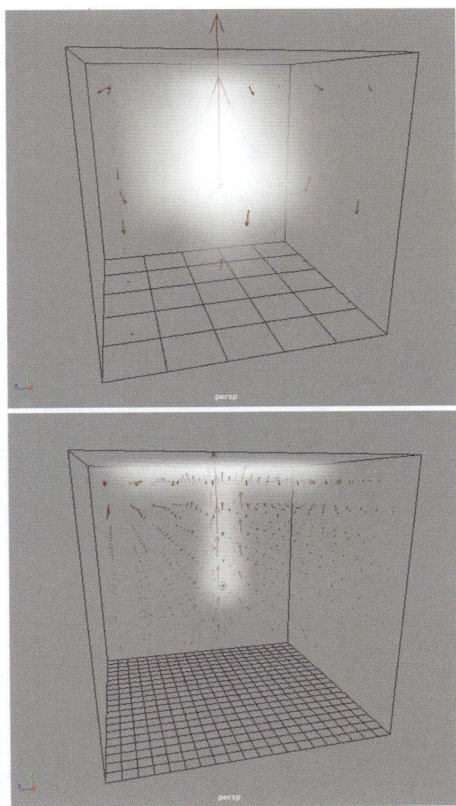

图5-90

- 绘制箭头：勾选此复选框可在速度向量上显示箭头。禁用此选项可提高绘制速度和减少视觉混乱，如图5-91所示分别为该复选框勾选前后的显示效果对比。

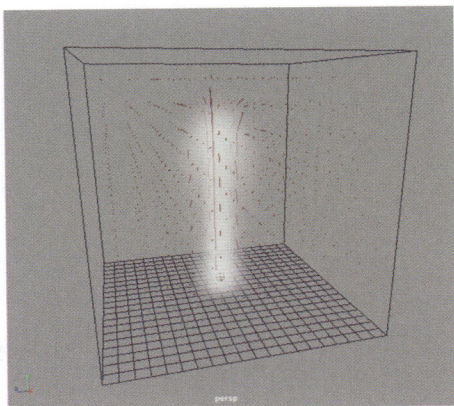

图5-91

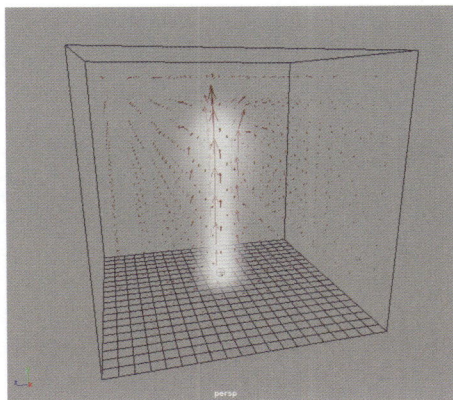

图5-91（续）

- 速度绘制跳过：增加该值可减少所绘制的速度箭头数。如果该值为1，则每隔一个箭头省略（或跳过）一次。如果该值为零，则绘制所有箭头。在使用高分辨率的栅格上增加该值可减少视觉混乱。
- 绘制长度：定义速度向量的长度（应用于速度幅值的因子）。值越大，速度分段或箭头就越长。对于具有非常小的力的模拟，速度场可能具有非常小的幅值。在这种情况下，增加该值将有助于可视化速度流。

5.3 制作云层碰撞动画

5.3.1 制作云缓缓运动动画

▶01 在"大纲视图"面板中，选择平面模型、流体发射器和体积轴，如图5-92所示，并将其删除。

图5-92

▶02 在"密度"卷展栏中，将光标放置于"浮力"上，右击并执行"断开连接"命令，如图5-93所示，并重新设置该值为0，如图5-94所示。

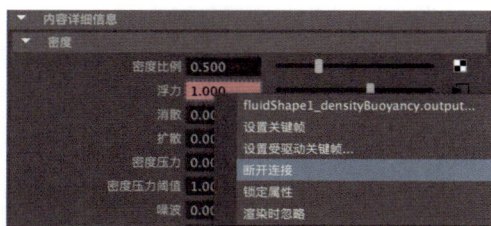

图5-93

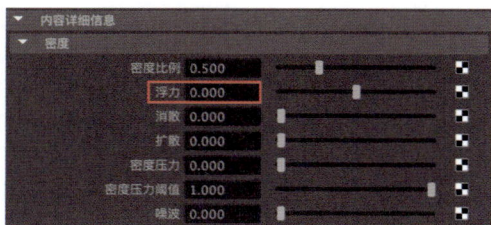

图5-94

▶03 在"内容方法"卷展栏中，设置"温度"为"禁用（零）"，设置"燃料"为"禁用（零）"，如图5-95所示。

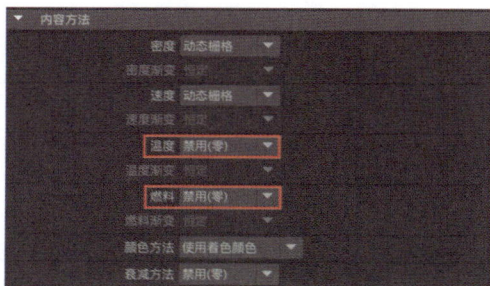

图5-95

▶04 在"速度"卷展栏中，设置"漩涡"为0，"噪波"为0，如图5-96所示。

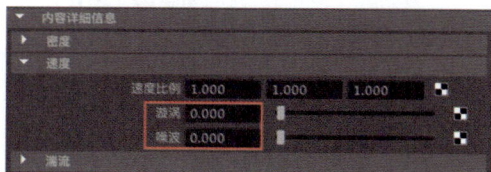

图5-96

▶05 设置完成后，再次单击"FX缓存"工具架上的"创建缓存"图标，如图5-97所示。为流体动画创建缓存文件。

图5-97

▶06 缓存文件创建完成后，播放场景动画，可以看到云朵会产生很缓慢的动画效果，如图5-98～图5-101所示。

图5-98

图5-99

图5-100

图5-101

5.3.2 制作飞机与云朵碰撞动画

▶01 执行"文件"|"导入"命令，如图5-102所示。将本书配套资源文件"飞机.mb"导入至当前场景文件，如图5-103所示。

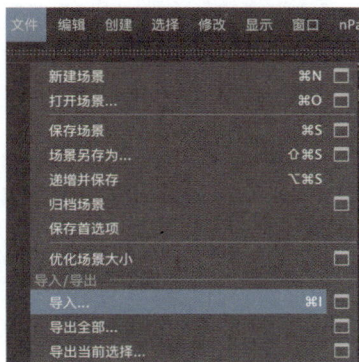

图5-102

图5-103

▶02 选择飞机模型，在"通道盒/层编辑器"面

板中，设置其参数值，如图5-104所示，并在第1帧位置处为"平移X"和"旋转Y"属性设置关键帧。

图5-104

▶03 设置完成后，飞机在场景中的位置如图5-105所示。

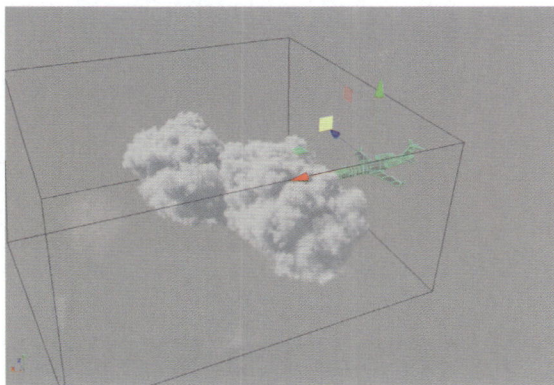

图5-105

▶04 在第50帧位置处，设置"平移X"为16，"旋转Y"为70，并再次为这2个属性设置关键帧，如图5-106所示。

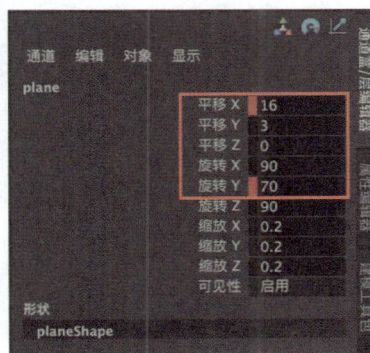

图5-106

▶05 执行"窗口"｜"动画编辑器"｜"曲线图编辑器"命令，如图5-107所示。

▶06 在弹出的"曲线图编辑器"面板中，选择如图5-108所示的关键点。

▶07 单击"线性切线"图标，得到如图5-109所示的动画曲线结果。

▶08 选择场景中的飞机模型和3D流体容器，单击FX工具架上的"使碰撞"图标，如图5-110所示。

▶09 设置完成后，重新创建云朵动画缓存文件，最终得到的碰撞效果如图5-111所示。

图5-107

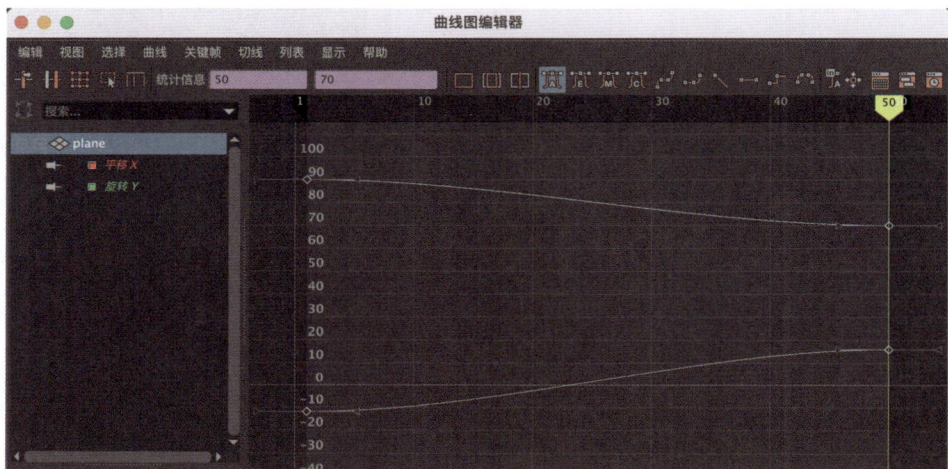

图5-108

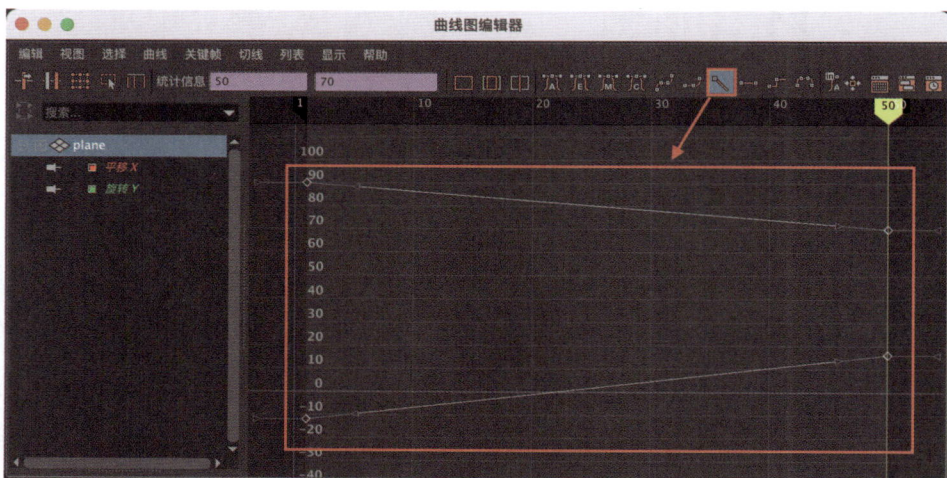

图5-109

图5-110

图5-111

5.4　创建天空照明环境

▶01 在Arnold工具架中，单击Create Physical Sky图标，如图5-112所示。在场景中创建一个物理天空灯光，如图5-113所示。

图5-112

图5-113

▶02 在"属性编辑器"面板中，展开Physical Sky Attributes（物理天空属性）卷展栏，设置Elevation（海拔）的值为20，设置Azimuth（方位）的值为70，设置Intensity（强度）的值为6，如图5-114所示。

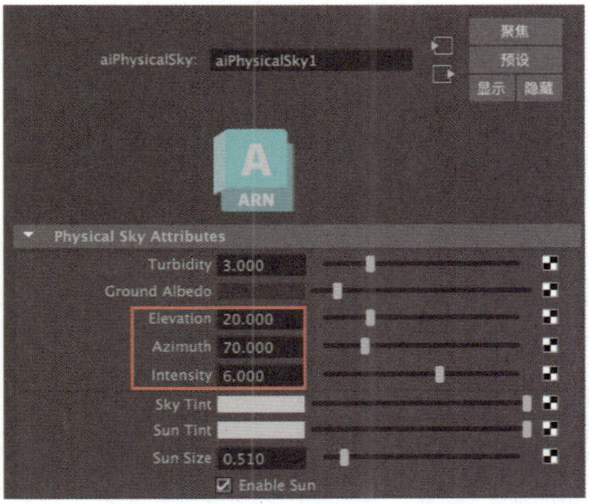

图5-114

▶03 设置完成后，渲染场景，渲染结果如图5-115所示。

图5-115

5.5　渲染及后期处理

▶01 打开"渲染设置"面板，在"公用"选项卡中，展开"图像大小"卷展栏，将渲染图像的"预设"选择为"HD_720"，如图5-116所示。

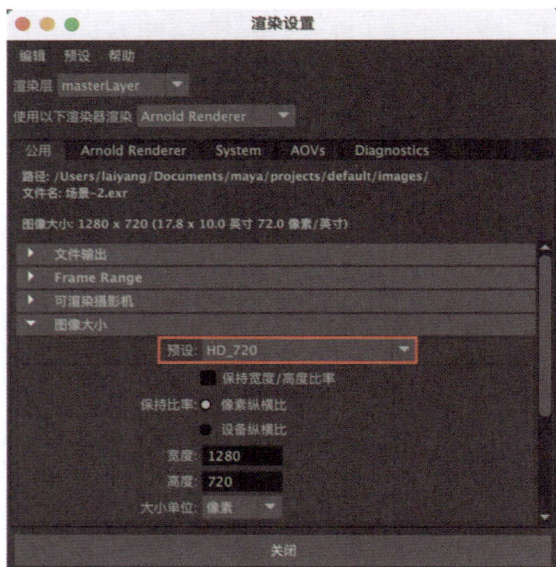

图5-116

▶02 在Arnold Renderer选项卡中，展开Sampling（采样）卷展栏，设置Camera（AA）的值为10，提高渲染图像的计算采样精度，如图5-117所示。

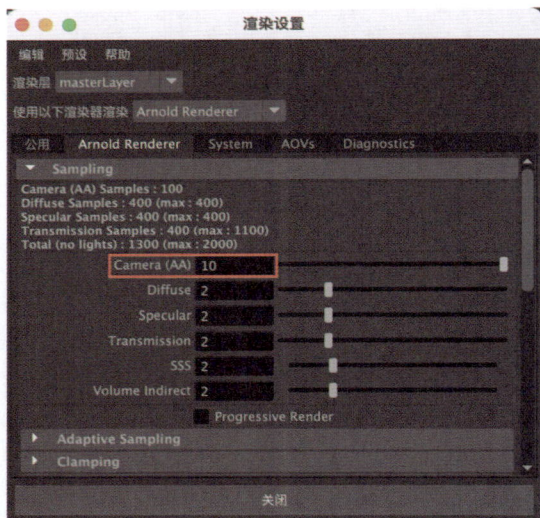

图5-117

▶03 设置完成后，渲染场景，渲染结果如图5-118所示。

▶04 在Arnold RenderView（Arnold渲染视口）中，单击右上角的齿轮形状Display Settings（显示

设置）按钮，打开Display（显示）选项卡，设置Exposure（曝光）为0.5，增加一点渲染图像的亮度，如图5-119所示。

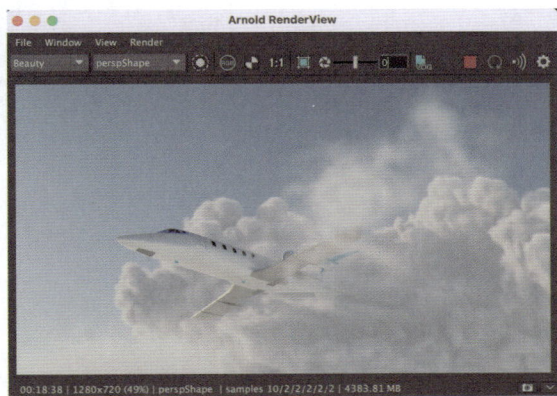

图5-118

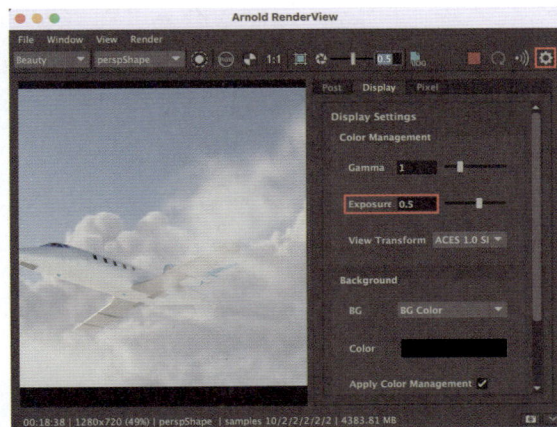

图5-119

▶05 本实例的最终渲染结果如图5-120所示。

图5-120

第6章 简约客厅——室内夜景表现技术

6.1 实例简介

本实例通过制作一个室内空间表现场景来详细讲解Maya中常见的家装材质及室内灯光的设置技巧，本章节实例的最终完成效果如图6-1所示，线框效果图如图6-2所示。

图6-1　　　　　　　　　　　　　　　　图6-2

6.2 模型检查

在对模型进行材质制作之前，通常需要先检查一下场景模型来查看模型是否有重面、破面及漏光现象，主要设置步骤如下。

▶01 启动Maya软件，打开本书配套场景文件"简约客厅.mb"，如图6-3所示。

图6-3

▶02 在"透视视图"中，选择场景中的所有模型，按住Shift键，在场景中减选掉玻璃模型和背景模型，如图6-4所示。

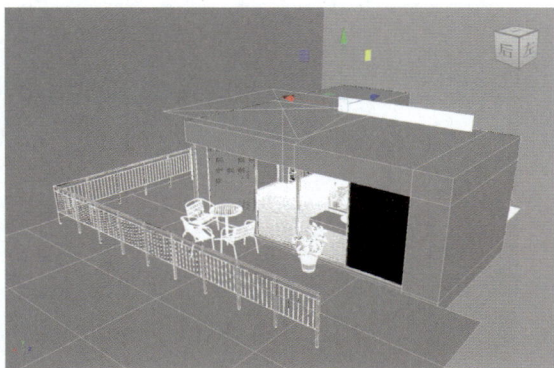

图6-4

▶03 单击"渲染"工具架上的"标准曲面材质"图标，如图6-5所示。

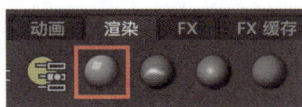

图6-5

▶04 在"属性编辑器"面板中，展开"基础"卷展栏，设置"权重"为1，"颜色"为白色，如图6-6所示。

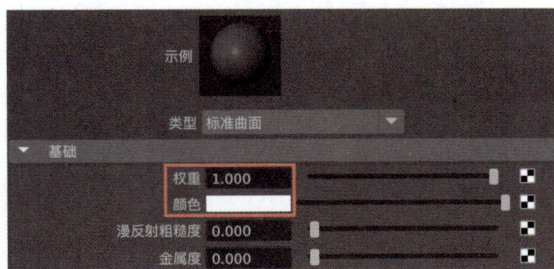

图6-6

▶05 在"镜面反射"卷展栏中，设置"权重"为0，取消材质的镜面反射计算，如图6-7所示。

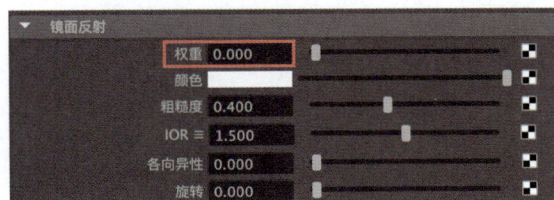

图6-7

▶06 设置完成后，在Arnold工具架上单击Render（渲染）图标，如图6-8所示。

图6-8

▶07 通过渲染结果可以查看场景中的模型是否正确，本实例的白模渲染结果如图6-9所示。

图6-9

提示 通过白模渲染结果可以较为方便地看清楚场景中的模型是否有破面及重复面等模型问题。

6.3　制作模型材质

　　本实例中涉及的主要材质有沙发布料材质、地板材质、不锈钢金属材质、白色墙体材质、背景墙材质、陶瓷花盆材质、花盆泥土材质、植物叶片材质、玻璃瓶子材质和环境材质。

6.3.1　制作沙发布料材质

　　本实例中的沙发布料材质主要表现为浅色的布料纹理质感，渲染结果如图6-10所示。

▶01 在场景中选择沙发模型，如图6-11所示。

▶02 单击"渲染"工具架上的"标准曲面材质"图标，如图6-12所示。

▶03 在"镜面反射"卷展栏中，设置"权重"为0，如图6-13所示。

图6-10

图6-11

图6-12

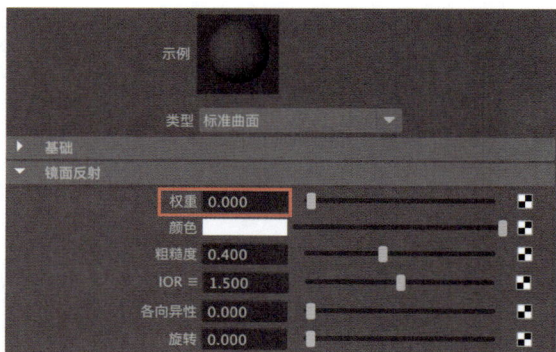

图6-13

度"为0.1，用来控制材质凹凸的程度，如图6-16所示。

图6-14

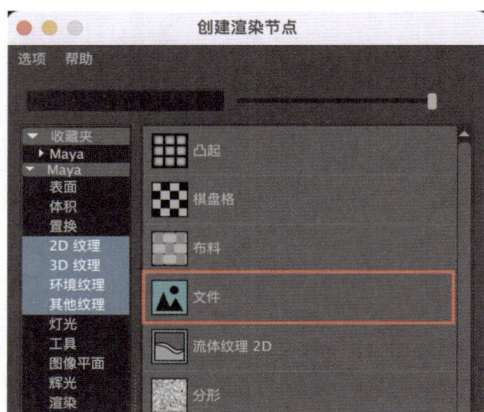

图6-15

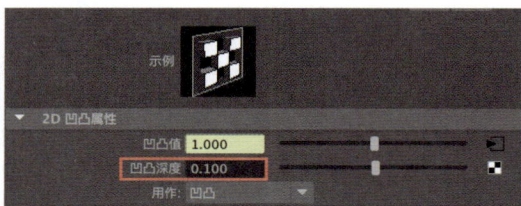

图6-16

▶07 在"文件属性"卷展栏中，单击"图像名称"后面的文件夹按钮，浏览并添加本书配套资源"布纹凹凸.jpg"贴图文件，用来控制沙发材质表面的凹凸纹理，如图6-17所示。

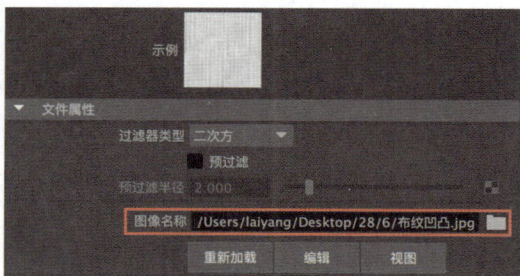

图6-17

▶04 展开"几何体"卷展栏，单击"凹凸贴图"后面的方形按钮，如图6-14所示。

▶05 在弹出的"创建渲染节点"对话框中单击"文件"图标，如图6-15所示。

▶06 在"2D凹凸属性"卷展栏中，设置"凹凸深

▶08 制作完成后的沙发布料材质球显示结果如图6-18所示。

图6-18

6.3.2 制作地板材质

本实例中所要表现的地板材质，其渲染结果如图6-19所示。

图6-19

▶**01** 在场景中选择地板模型，如图**6-20**所示。为其指定标准曲面材质。

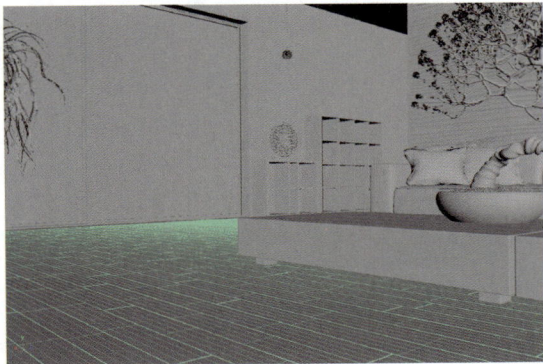

图6-20

▶**02** 在"基础"卷展栏中，单击"颜色"后面的方形按钮，如图6-21所示。

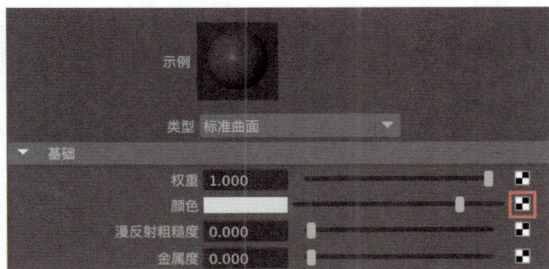

图6-21

▶**03** 在弹出的"创建渲染节点"对话框中单击"文件"图标，如图6-22所示。

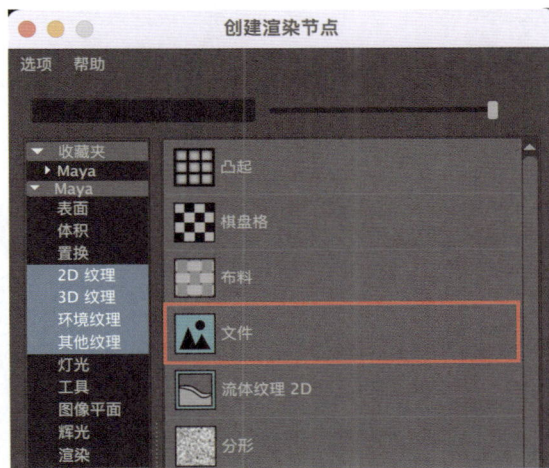

图6-22

▶**04** 在"文件属性"卷展栏中，单击"图像名称"后面的文件夹按钮，浏览并添加本书配套资源"地板贴图.png"贴图文件，制作出地板材质的表面纹理，如图6-23所示。

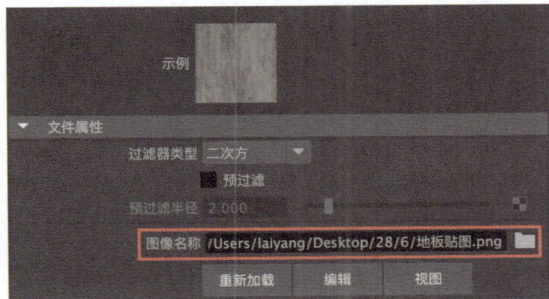

图6-23

▶**05** 在"2D纹理放置属性"卷展栏中，设置"UV

向旋转"为90，如图6-24所示。

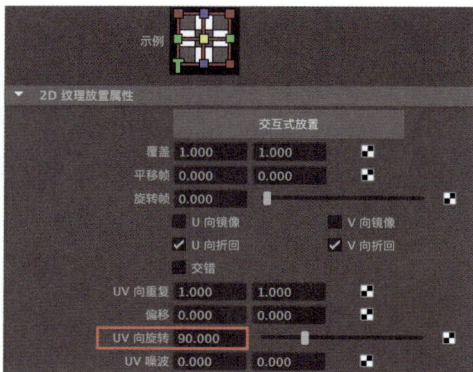

图6-24

▶06 在"镜面反射"卷展栏中，设置"粗糙度"为0.35，增加一点地板材质的镜面反射效果，如图6-25所示。

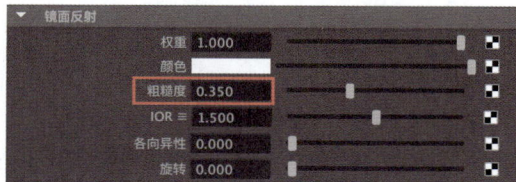

图6-25

▶07 制作完成后的地板材质球显示结果如图6-26所示。

图6-26

6.3.3 制作不锈钢金属材质

本实例中的不锈钢金属材质渲染结果如图6-27所示。

图6-27

▶01 在场景中选择落地灯的灯架模型，如图6-28所示。为其指定标准曲面材质。

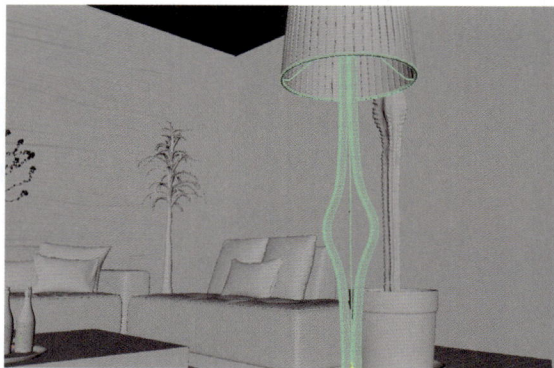

图6-28

▶02 在"基础"卷展栏中，设置"金属度"为1，增加材质的金属质感。在"镜面反射"卷展栏中，设置"粗糙度"为0.1，如图6-29所示。

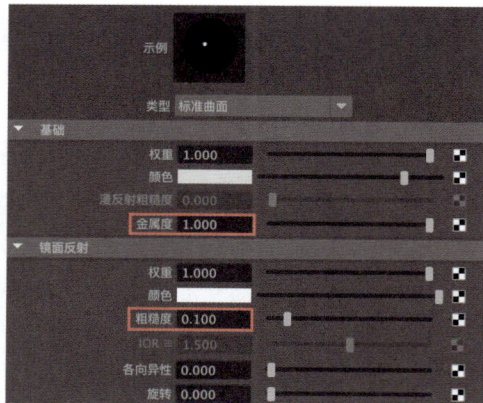

图6-29

▶03 制作完成后的不锈钢金属材质球显示结果如图6-30所示。

图6-30

6.3.4 制作白色墙体材质

本实例中的墙体颜色主要表现为白色的乳胶漆效果，渲染结果如图6-31所示。

图6-31

▶01 在场景中选择墙体模型，如图6-32所示。为其指定标准曲面材质。

图6-32

▶02 在"镜面反射"卷展栏中，设置"粗糙度"

为0.8，如图6-33所示。

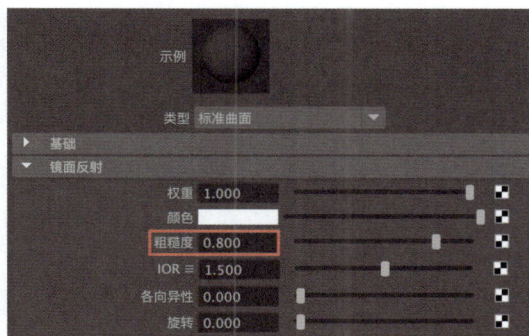

图6-33

▶03 制作完成后的墙体材质球显示结果如图6-34所示。

图6-34

6.3.5 制作背景墙材质

本实例中的背景墙材质渲染结果如图6-35所示。

图6-35

▶01 在场景中选择背景墙体模型，如图6-36所示。为其指定标准曲面材质。

图6-36

02 在"基础"卷展栏中，设置"颜色"为粉色。在"镜面反射"卷展栏中，设置"粗糙度"为0.35，如图6-37所示。其中，"颜色"的参数设置如图6-38所示。

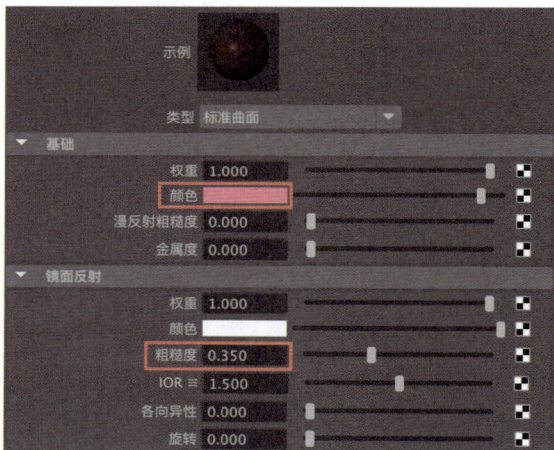

图6-37

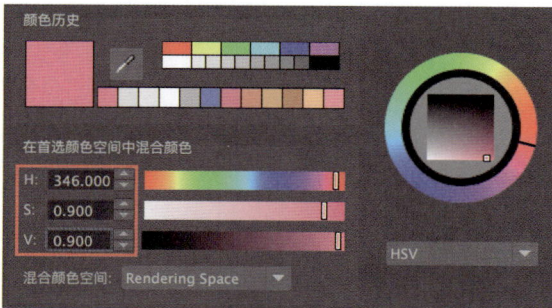

图6-38

03 制作完成后的背景墙体材质球显示结果如图6-39所示。

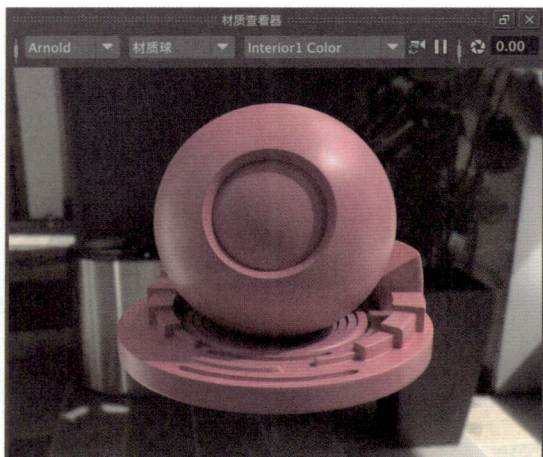

图6-39

6.3.6 制作陶瓷花盆材质

本实例中的陶瓷花盆材质渲染结果如图6-40所示。

图6-40

01 在场景中选择桌面上的花盆模型，如图6-41所示。为其指定标准曲面材质。

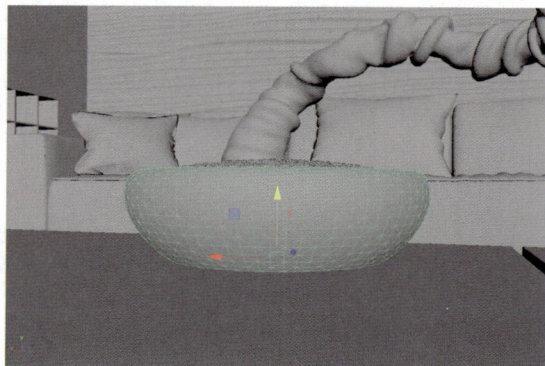

图6-41

02 在"基础"卷展栏中，单击"颜色"后面的方形按钮，如图6-42所示。

图6-42

03 在弹出的"创建渲染节点"对话框中单击"文件"图标，如图6-43所示。

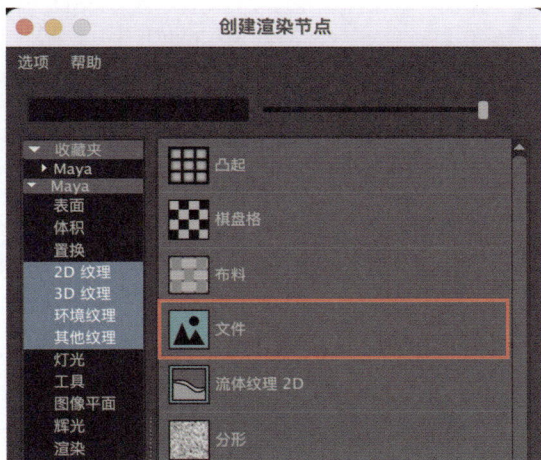

图6-43

04 在"文件属性"卷展栏中，单击"图像名称"后面的文件夹按钮，浏览并添加本书配套资源"花盆-2.jpg"贴图文件，制作出花盆材质的表面纹理，如图6-44所示。

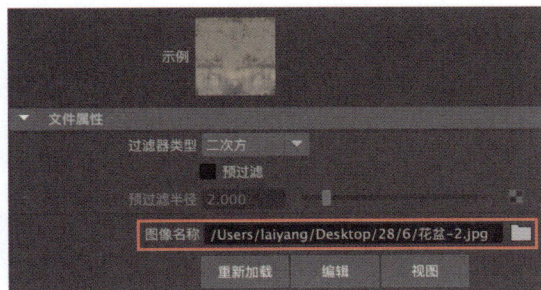

图6-44

05 在"镜面反射"卷展栏中，设置"粗糙度"

为0.3，如图6-45所示。

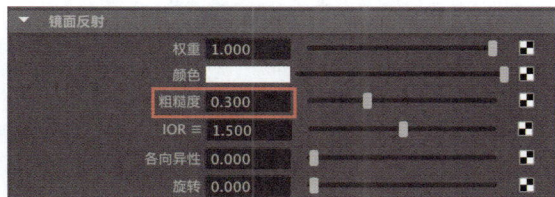

图6-45

06 制作完成后的陶瓷花盆材质球显示结果如图6-46所示。

图6-46

6.3.7　制作花盆泥土材质

本实例中的花盆泥土材质渲染结果如图6-47所示。

图6-47

01 在场景中选择花盆泥土模型，如图6-48所示。为其指定标准曲面材质。

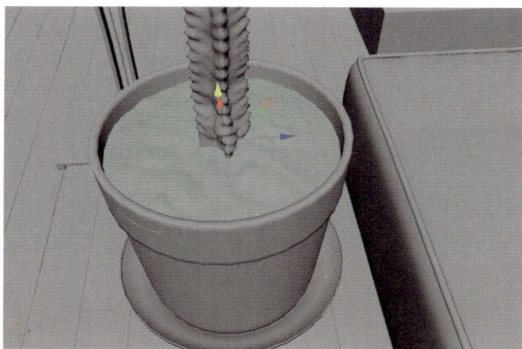

图6-48

▶02 在"基础"卷展栏中，单击"颜色"后面的方形按钮，如图6-49所示。

图6-49

▶03 在弹出的"创建渲染节点"对话框中单击"文件"图标，如图6-50所示。

图6-50

▶04 在"文件属性"卷展栏中，单击"图像名称"后面的文件夹按钮，浏览并添加本书配套资源"花土.jpg"贴图文件，制作出花土材质的表面纹理，如图6-51所示。

▶05 在"镜面反射"卷展栏中，设置"粗糙度"

为0.5，如图6-52所示。

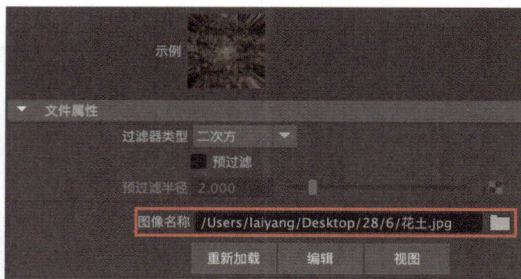

图6-51

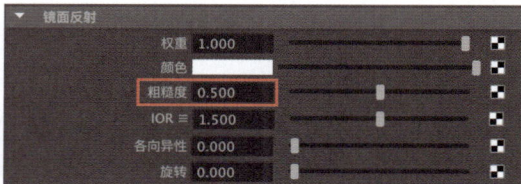

图6-52

▶06 制作完成后的花盆泥土材质球显示结果如图6-53所示。

图6-53

6.3.8 制作植物叶片材质

本实例中的植物叶片材质渲染结果如图6-54所示。

▶01 在场景中选择植物叶片模型，如图6-55所示。为其指定标准曲面材质。

▶02 在"基础"卷展栏中，单击"颜色"后面的方形按钮，如图6-56所示。

▶03 在弹出的"创建渲染节点"对话框中单击"文件"图标，如图6-57所示。

图6-54

图6-55

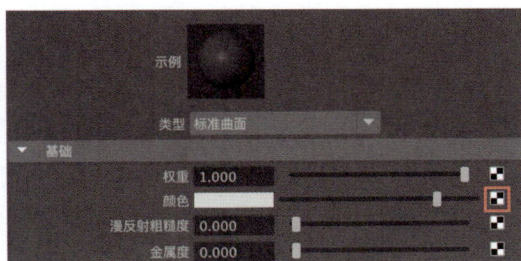
图6-56

图6-57

▶04 在"文件属性"卷展栏中，单击"图像名称"后面的文件夹按钮，浏览并添加本书配套资源"叶片.jpg"贴图文件，制作出叶片材质的表面纹理，如图6-58所示。

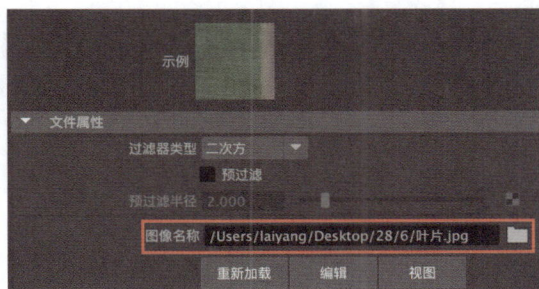
图6-58

▶05 在"镜面反射"卷展栏中，设置"粗糙度"为0.35，如图6-59所示。

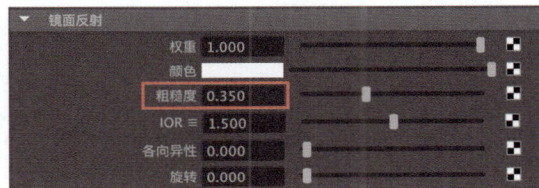
图6-59

▶06 制作完成后的植物叶片材质球显示结果如图6-60所示。

图6-60

6.3.9　制作玻璃瓶子材质

本实例中的玻璃瓶子材质渲染结果如图6-61所示。

图6-61

01 在场景中选择玻璃瓶子模型，如图6-62所示。为其指定标准曲面材质。

图6-62

02 在"镜面反射"卷展栏中，设置"粗糙度"为0，如图6-63所示。

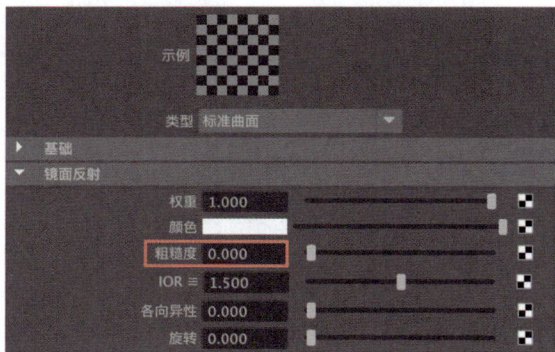

图6-63

03 在"透射"卷展栏中，设置"权重"为1，如图6-64所示。

04 制作完成后的玻璃瓶子材质球显示结果如图6-65所示。

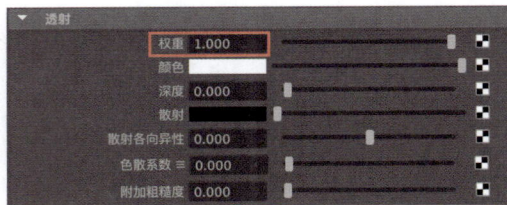

图6-64

图6-65

6.3.10　制作环境材质

　　本实例中的背景环境不但具有弥补画面空白的作用，还起到了一定的环境照明作用，背景材质的渲染结果如图6-66所示。

图6-66

01 在场景中选择背景平面模型，如图6-67所示。为其指定标准曲面材质。

02 在"基础"卷展栏中，单击"颜色"后面的方形按钮，如图6-68所示。

03 在弹出的"创建渲染节点"对话框中单击"文件"图标，如图6-69所示。

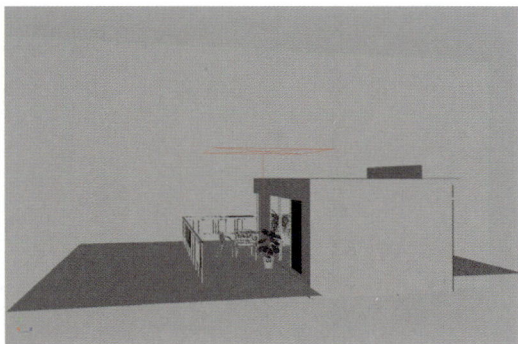

图6-67

图6-68

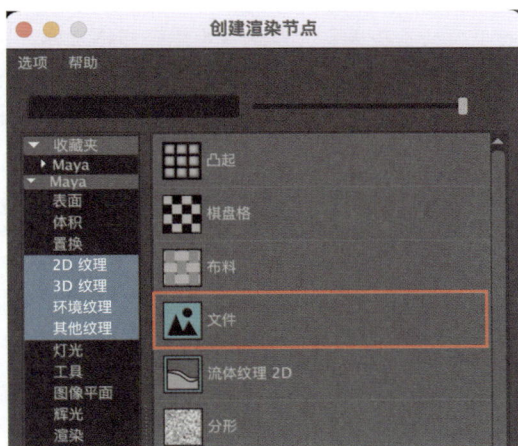

图6-69

文件，如图6-73所示。

图6-70

图6-71

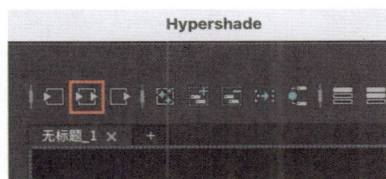

图6-72

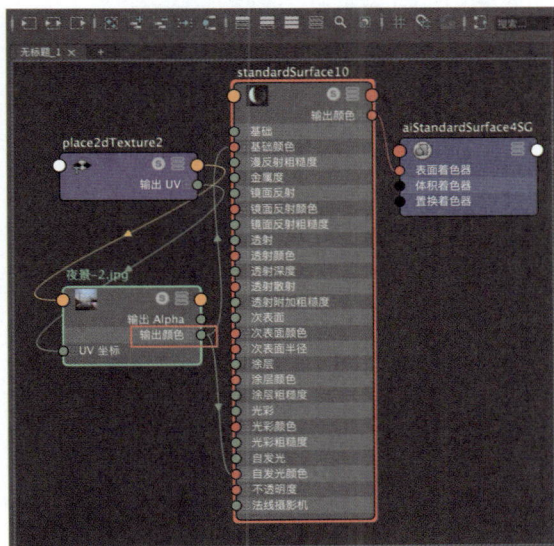

图6-73

▶04 在"文件属性"卷展栏中，单击"图像名称"后面的文件夹按钮，浏览并添加本书配套资源"夜景-2.jpg"贴图文件，如图6-70所示。

▶05 单击Maya软件界面上方右侧的"显示Hypershade窗口"按钮，如图6-71所示。

▶06 在Hypershade面板中，单击"输入和输出连接"按钮，如图6-72所示。

▶07 展开环境材质节点，将"输出颜色"节点连接至"自发光颜色"节点上，这样环境材质的发光贴图与该材质的颜色贴图可以使用同一个贴图

▶08 在"自发光"卷展栏中，设置"权重"为1，如图6-74所示。

▶09 制作完成后的环境材质球显示结果如图6-75所示。

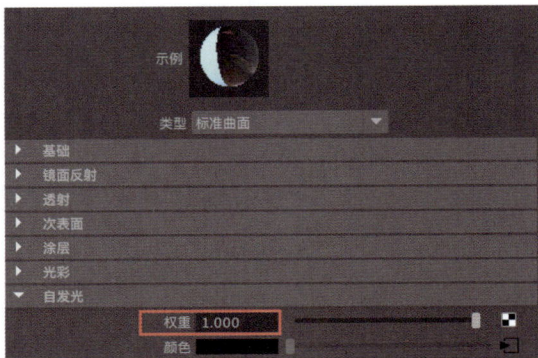
图6-74

图6-75

技术专题——如何渲染线框效果图

　　线框效果图通过渲染出模型的布线结构来反映出建模师的建模技术水平，是广大建模爱好者普遍喜欢的一种渲染表达方式，如图6-76和图6-77所示。

图6-76

图6-77

　　线框效果图的渲染设置与正常效果图的渲染设置步骤基本一样，只要将场景中模型的材质设置为线框材质后渲染即可。需要注意的是，有两类模型在一般情况下不设置线框材质：一是场景中涉及玻璃材质的窗户或玻璃门，如果将它们设置为线框材质，势必会遮挡住室外灯光，进而对场景中的照明程度产生较大影响；二是场景中用于模拟室外背景环境的环境材质，由于环境材质通常需要开启发光属性，所以将环境材质设置为线框材质，也会对场景照明产生一定的影响。

　　线框效果图的渲染制作步骤如下。

▶01 打开本实例场景文件，将该场景文件另存为一份Maya文件，并重命名为"线框材质.mb"。

▶02 选择场景中的所有模型，并按住Ctrl键，排除掉窗户玻璃模型和背景环境模型后，单击"渲染"工具架上的"标准曲面材质"图标，如图6-78所示，给所选择的模型重新指定标准曲面材质。

图6-78

▶03 在"基础"卷展栏中，单击"颜色"后面的方形按钮，如图6-79所示。

▶04 在弹出的"创建渲染节点"对话框中单击aiWireframe图标，如图6-80所示。

▶05 展开Wireframe Attributes卷展栏，设置Edge Type的选项为polygons，将渲染边的类型设置为

多边形，将Line Color的颜色设置为灰色，将Line Width的值设置为0.5，降低模型布线的渲染宽度，如图6-81所示。

图6-79

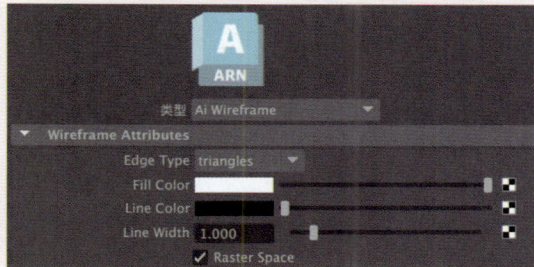
图6-80

图6-81

06 设置完成后，渲染场景，渲染结果如图6-82所示。

图6-82

技术专题——aiWireframe渲染节点命令解析

aiWireframe渲染节点的参数命令如图6-83所示。

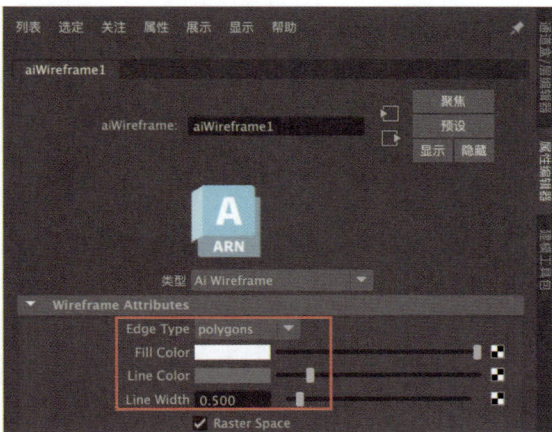
图6-83

工具解析：

- **Edge Type**：用来控制渲染几何体的边线类型。如图6-84所示为该选项分别为Triangles（三角形）和Polygons（多边形）时的线框渲染结果对比。
- **Fill Color**：用于设置模型的填充颜色，如图6-85所示分别为该属性设置了不同颜色的渲染结果对比。
- **Line Color**：用于设置模型边线的渲染颜色，如图6-86所示分别为该属性设置了不同颜色的渲染结果对比。
- **Line Width**：用于设置模型边线的渲染宽度，

如图6-87所示分别为该值是1和3的渲染结果对比。

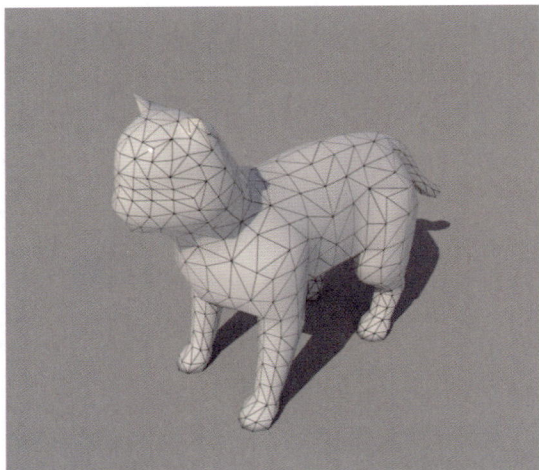

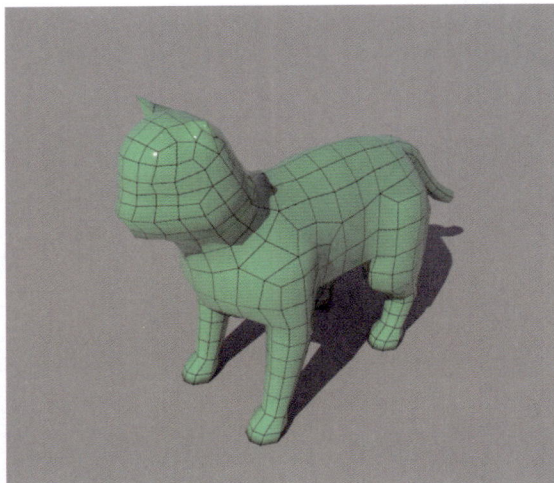

图6-85（续）

图6-84

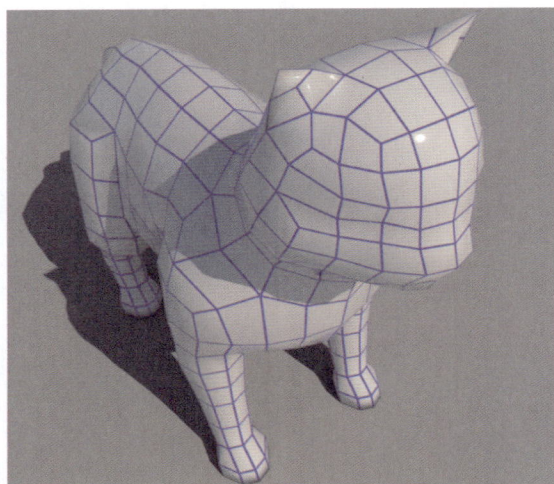

图6-85

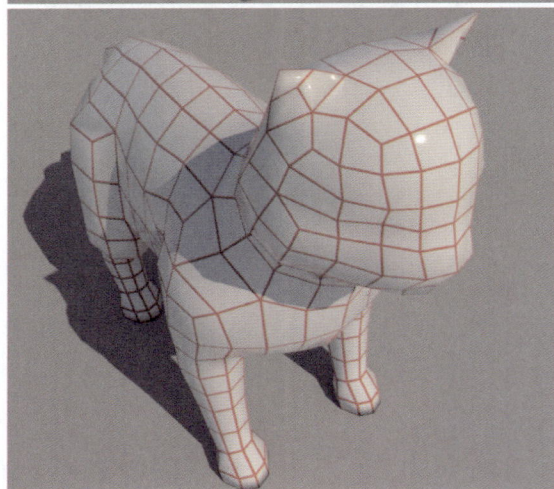

图6-86

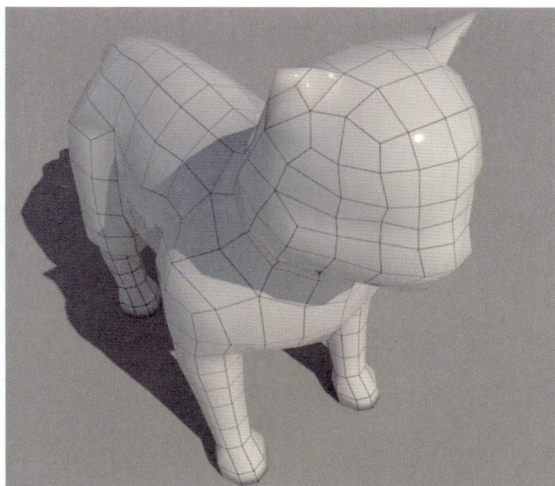

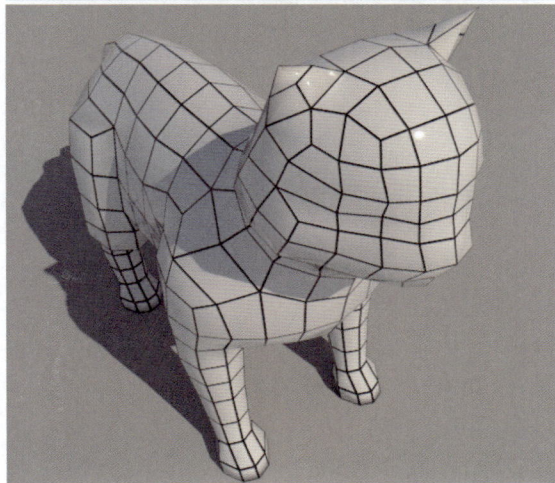

图6-87

- Raster Space：启用后，线宽将以屏幕空间像素为单位进行计算。

6.4　设置灯光

6.4.1　制作筒灯照明效果

▶01 将操作视图切换至"顶视图"，单击Arnold工具架上的第一个图标Create Area Light（创建区域灯光），在场景中创建一个区域灯光，如图6-88所示。

▶02 旋转区域灯光的角度，使其照射方向向下，并调整灯光的位置至场景中天花板上筒灯模型的

位置处，如图6-89所示。

图6-88

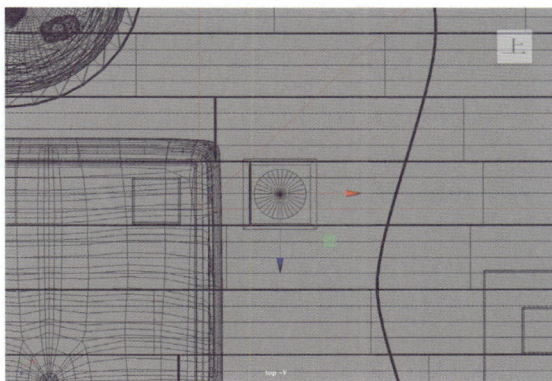

图6-89

▶03 将操作视图切换至"左视图"，调整区域灯光的高度至如图6-90所示位置处。

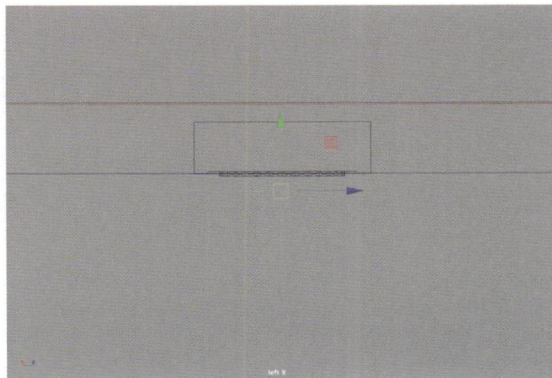

图6-90

▶04 在"属性编辑器"面板中，展开Arnold Area Light Attributes（Arnold区域灯光属性）卷展栏，设置灯光的Intensity（强度）为500，Exposure（曝光）为7，增加区域灯光的照明强度。勾选Use Color Temperature（使用色温）复选框，设置Temperature（温度）为5500，Light Shape（灯光形状）为disk（圆形），如图6-91所示。

▶05 灯光参数设置完成后，回到"顶视图"，选择区域灯光，按住Shift键，配合"移动工具"对灯光进行复制，并分别调整位置至场景中的其他筒灯模型位置处，如图6-92所示。

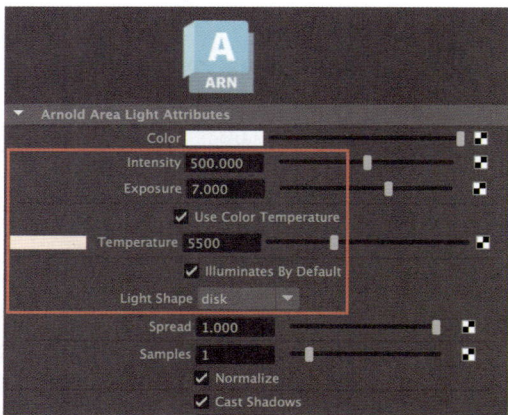

图6-91

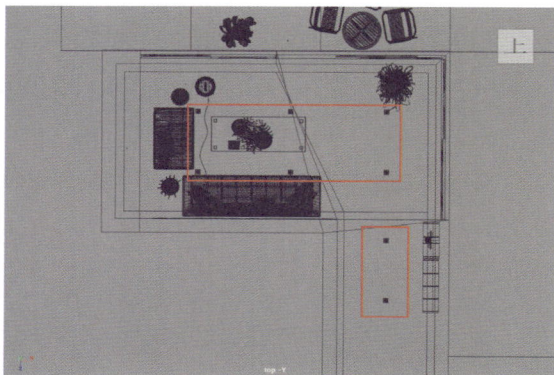

图6-92

06 设置完成后，渲染场景，筒灯的模拟效果如图6-93所示。

图6-93

6.4.2　制作灯带照明效果

01 在"大纲视图"面板中选择场景中的灯带模

型，单击Arnold工具架上的"创建网格灯光"图标，将所选择的模型设置为灯光，如图6-94所示。

图6-94

02 设置完成后，观察"大纲视图"面板，可以看到在灯带模型名称的子层级上多了一个网格灯光，如图6-95所示。

图6-95

03 在"属性编辑器"面板中，展开Light Attributes（灯光属性）卷展栏，设置Intensity（强度）为300，Exposure（曝光）为8，勾选Use Color Temperature（使用色温）复选框，设置Temperature（温度）为4000，勾选Light Visible（灯光可见）复选框，如图6-96所示。

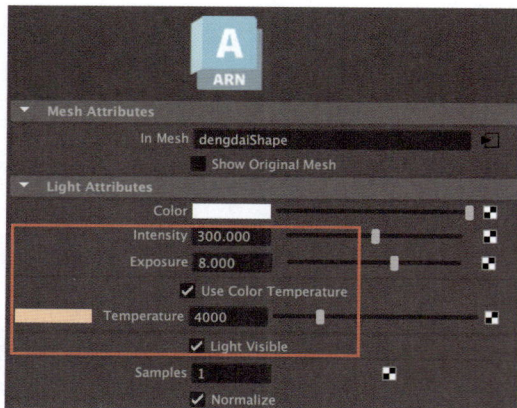

图6-96

04 设置完成后，渲染场景，添加了灯带照明的渲染结果如图6-97所示。

图6-97

6.4.3　制作室外环境照明效果

01 单击Arnold工具架上的Create Area Light（创建区域灯光）图标，如图6-98所示。

图6-98

02 在"顶视图"中室外位置处创建一个区域灯光，如图6-99所示。

图6-99

03 在"右视图"中调整灯光的高度至如图6-100所示。

04 在"属性编辑器"面板中，展开Arnold Area Light Attributes（Arnold区域灯光属性）卷展栏，设置灯光的Color（颜色）为蓝色，Intensity（强度）为800，Exposure（曝光）为12，增加区域灯光的照明强度，如图6-101所示。其中，Color（颜色）的参数设置如图6-102所示。

图6-100

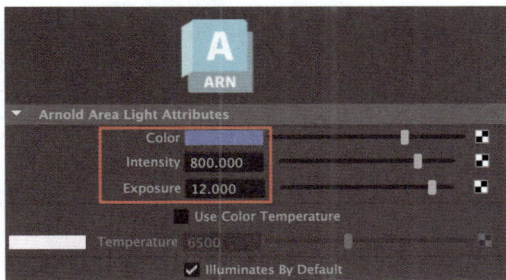

图6-101

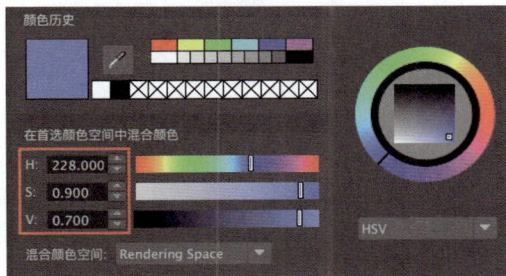

图6-102

05 设置完成后，渲染场景，添加了环境照明的渲染结果如图6-103所示。

图6-103

6.5　渲染及后期处理

▶01 打开"渲染设置"面板，在"公用"选项卡中展开"图像大小"卷展栏，设置渲染图像的"宽度"为1200，"高度"为800，如图6-104所示。

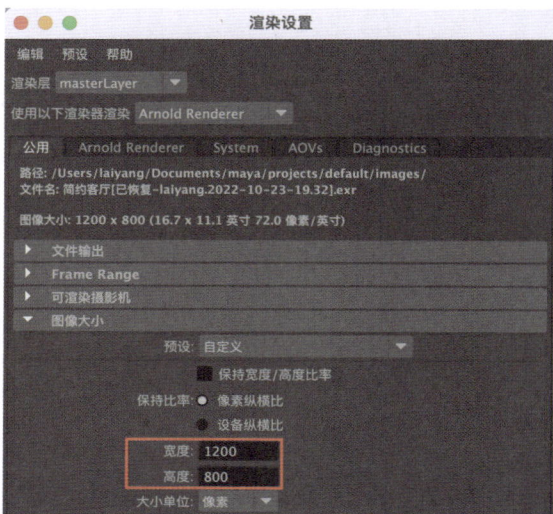

图6-104

▶02 在Arnold Renderer选项卡中，展开Sampling卷展栏，设置Camera（AA）的值为9，提高渲染图像的计算采样精度，如图6-105所示。

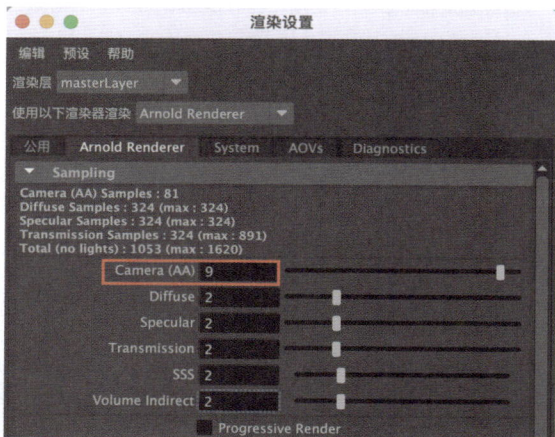

图6-105

▶03 设置完成后，渲染场景，渲染结果如图6-106所示。

图6-106

▶04 在Arnold RenderView（Arnold渲染视口）中，单击右上角的齿轮形状的Display Setting（显示设置）按钮，在Display（显示）选项卡中，设置Exposure（曝光）为0.9，增加一点渲染图像的亮度，如图6-107所示。

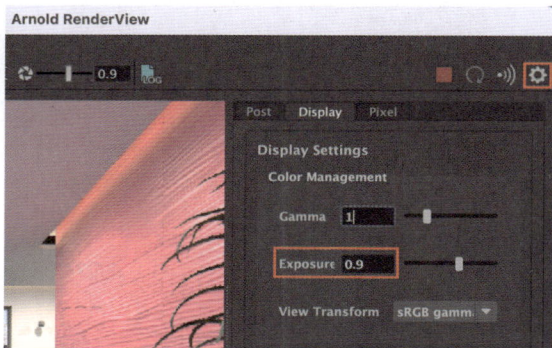

图6-107

▶05 本实例的最终渲染结果如图6-108所示。

图6-108

阳光卧室——室内日景表现技术

7.1 实例简介

本实例通过制作一个室内空间表现场景来详细讲解Maya中常见的家装材质及室内灯光的设置技巧，本章节实例的最终完成效果如图7-1所示，线框效果图如图7-2所示。

图7-1

图7-2

7.2 模型检查

在对模型进行材质制作之前，通常需要先检查一下场景模型来查看模型是否有重面、破面及漏光现象，主要设置步骤如下。

▶01 启动Maya软件，打开本实例配套场景文件"阳光卧室.mb"，如图7-3所示。

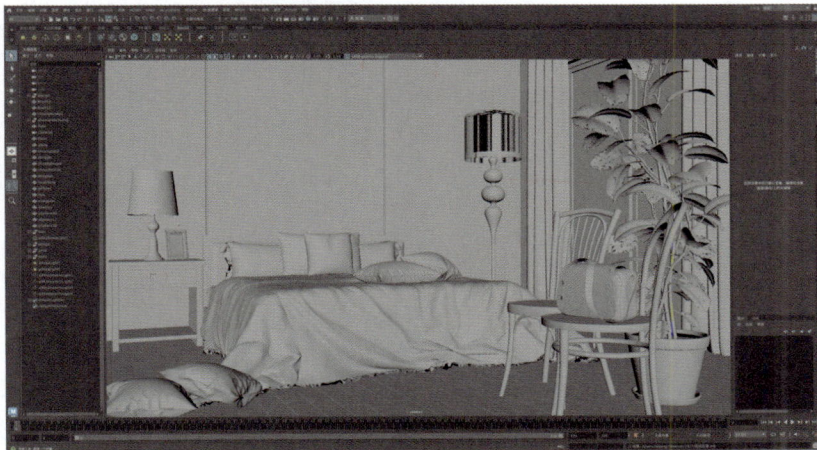

图7-3

▶02 选择场景中的所有模型，按住Shift键，在场景中减选掉玻璃模型和背景模型，如图7-4所示。

图7-4

▶03 单击"渲染"工具架上的"标准曲面材质"图标，如图7-5所示。

图7-5

▶04 在"属性编辑器"面板中，展开"基础"卷展栏，设置"权重"为1，"颜色"为白色，如图7-6所示。

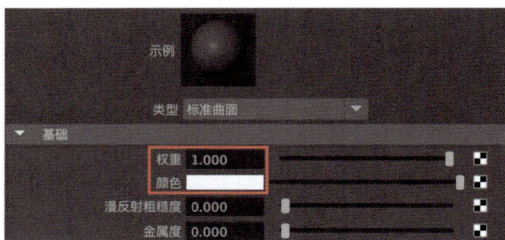

图7-6

▶05 在"镜面反射"卷展栏中，设置"权重"为0，取消材质的镜面反射计算，如图7-7所示。

图7-7

▶06 设置完成后，在Arnold工具架上单击Render（渲染）图标，如图7-8所示。

▶07 通过渲染结果可以查看场景中的模型是否正确，本实例的白模渲染结果如图7-9所示。

图7-8

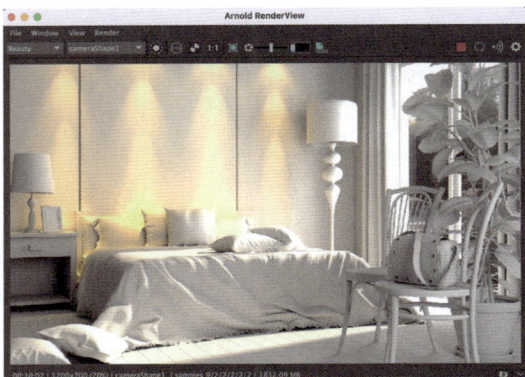

图7-9

7.3 制作模型材质

本实例中涉及的主要材质有白色床单材质、地板材质、落地灯金属材质、椅子材质、植物叶片材质、窗户玻璃材质、背景墙材质和红色抱枕材质。

7.3.1 制作白色床单材质

本实例中的白色床单材质渲染结果如图7-10所示。

图7-10

▶01 在场景中选择床单模型，如图7-11所示。

▶02 单击"渲染"工具架上的"标准曲面材质"图标，如图7-12所示。

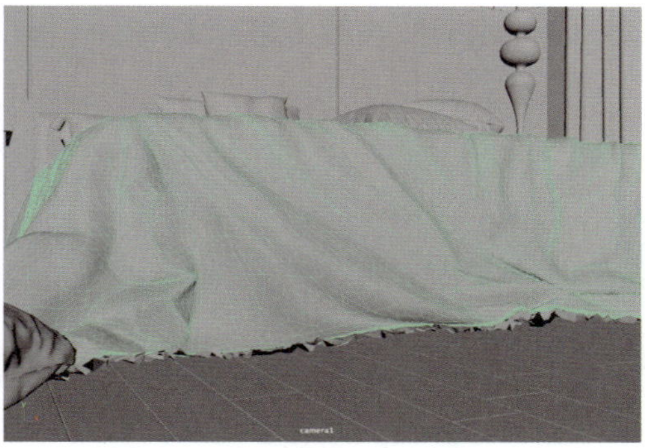

图7-11

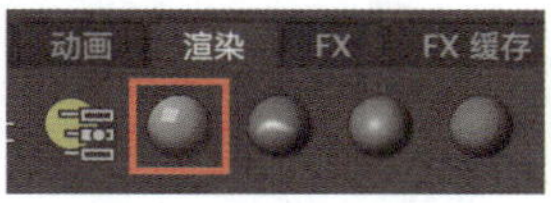

图7-12

03 在"基础"卷展栏中，设置"颜色"为白色。在"镜面反射"卷展栏中，设置"粗糙度"为0.7，如图7-13所示。

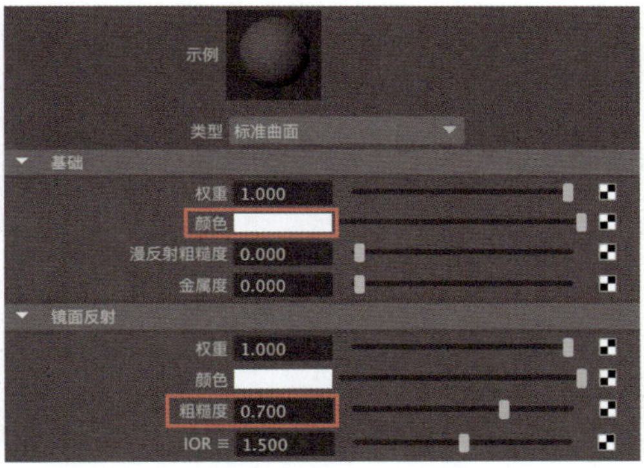

图7-13

04 制作完成后的白色床单材质球显示结果如图7-14所示。

图7-14

7.3.2　制作地板材质

本实例中所要表现的地板材质，其渲染结果如图7-15所示。

图7-15

01 在场景中选择地板模型，如图7-16所示。为其指定标准曲面材质。

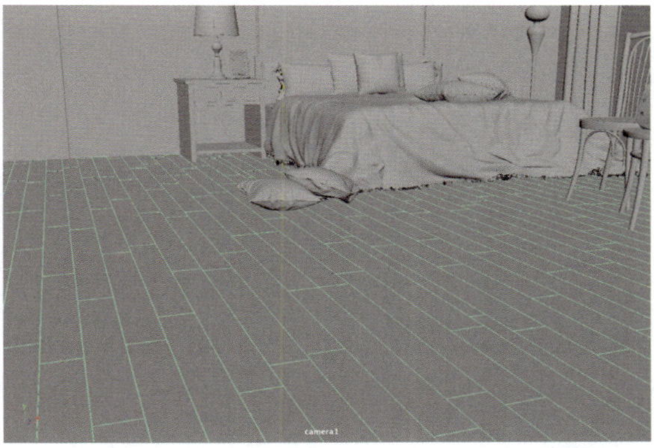

图7-16

02 在"基础"卷展栏中，单击"颜色"后面的方形按钮，如图7-17所示。

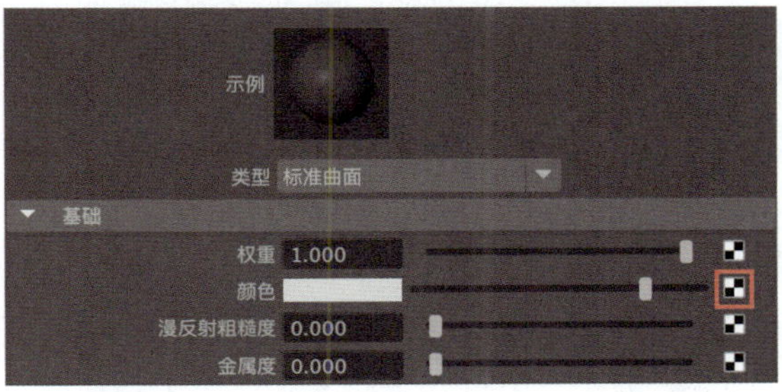

图7-17

03 在弹出的"创建渲染节点"对话框中单击"文件"图标，如图7-18所示。

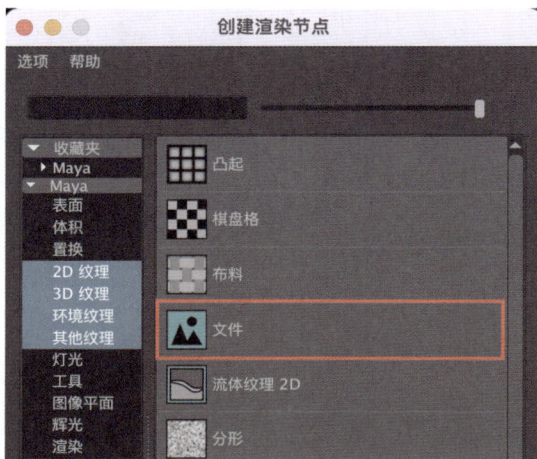

图7-18

▶04 在"文件属性"卷展栏中，单击"图像名称"后面的文件夹按钮，浏览并添加本书配套资源"地板.png"贴图文件，制作出地板材质的表面纹理，如图7-19所示。

图7-19

▶05 制作完成后的地板材质球显示结果如图7-20所示。

图7-20

7.3.3　制作落地灯金属材质

本实例中的落地灯表现为带有些许划痕的黄铜质感，如图7-21所示。

图7-21

▶01 在场景中选择落地灯模型，如图7-22所示。为其指定标准曲面材质。

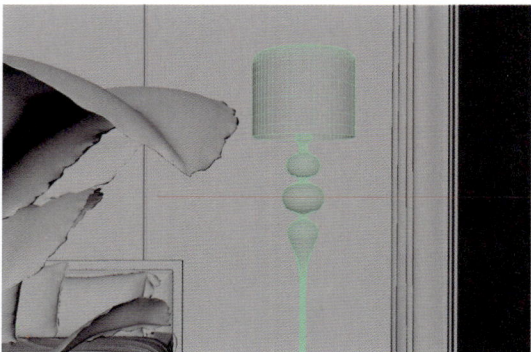

图7-22

▶02 在"基础"卷展栏中，设置"金属度"为1，再单击"颜色"后面的方形按钮，如图7-23所示。

图7-23

▶03 在弹出的"创建渲染节点"对话框中单击"文件"图标，如图7-24所示。

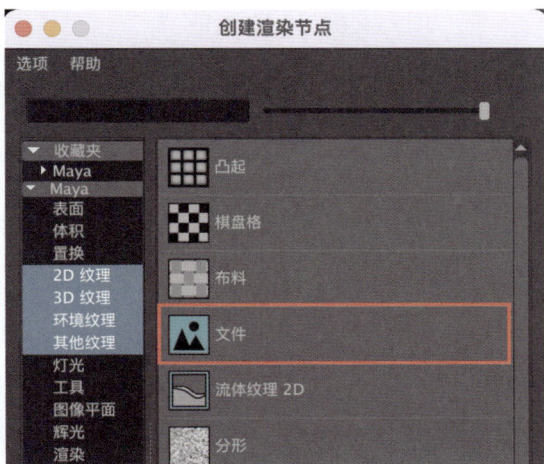

图7-24

04 在"文件属性"卷展栏中，单击"图像名称"后面的文件夹按钮，浏览并添加本书配套资源"金属反射.png"贴图文件，制作出金属材质的表面纹理，如图7-25所示。

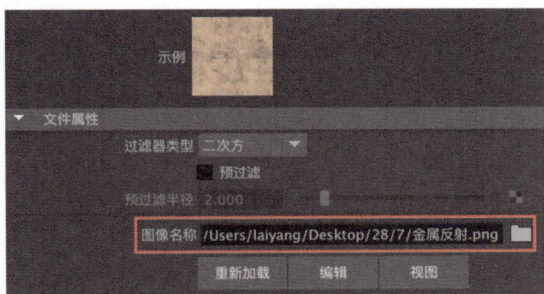

图7-25

05 制作完成后的金属材质球显示结果如图7-26所示。

图7-26

7.3.4　制作椅子材质

本实例中的椅子模型渲染结果如图7-27所示。

图7-27

01 在场景中选择椅子模型，如图7-28所示。为其指定标准曲面材质。

图7-28

02 在"基础"卷展栏中，单击"颜色"后面的方形按钮，如图7-29所示。

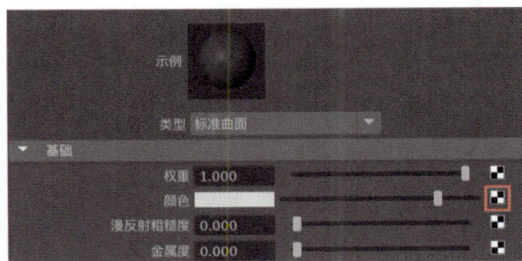

图7-29

03 在弹出的"创建渲染节点"对话框中单击"文件"图标，如图7-30所示。

04 在"文件属性"卷展栏中，单击"图像名称"后面的文件夹按钮，浏览并添加本书配套资源"木纹.jpg"贴图文件，制作出椅子材质的表面纹理，如图7-31所示。

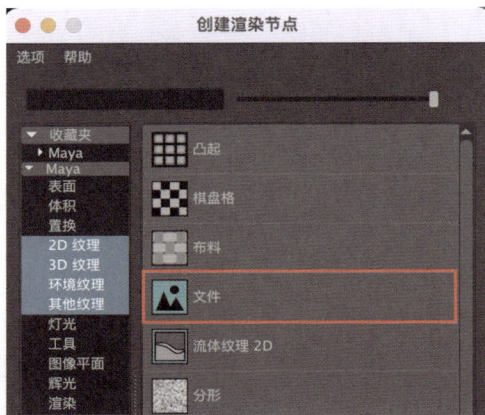

图7-30

图7-31

▶**05** 在"镜面反射"卷展栏中，设置"粗糙度"为0.2，如图7-32所示。

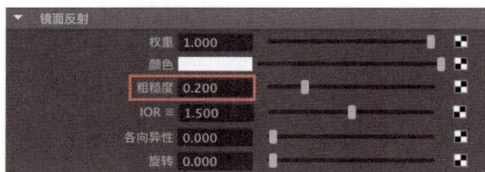

图7-32

▶**06** 制作完成后的椅子材质球显示结果如图7-33所示。

图7-33

7.3.5　制作植物叶片材质

本实例中的植物叶片材质渲染结果如图7-34所示。

图7-34

▶**01** 在场景中选择植物叶片模型，如图7-35所示。为其指定标准曲面材质。

图7-35

▶**02** 在"基础"卷展栏中，单击"颜色"后面的方形按钮，如图7-36所示。

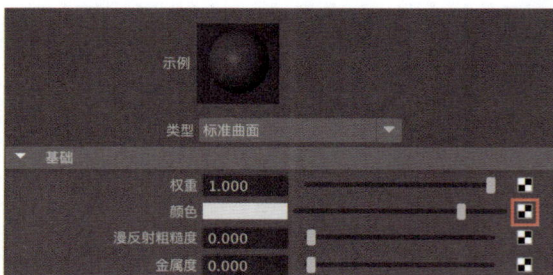

图7-36

▶**03** 在弹出的"创建渲染节点"对话框中单击"文件"图标，如图7-37所示。

表面的凹凸纹理，如图7-42所示。

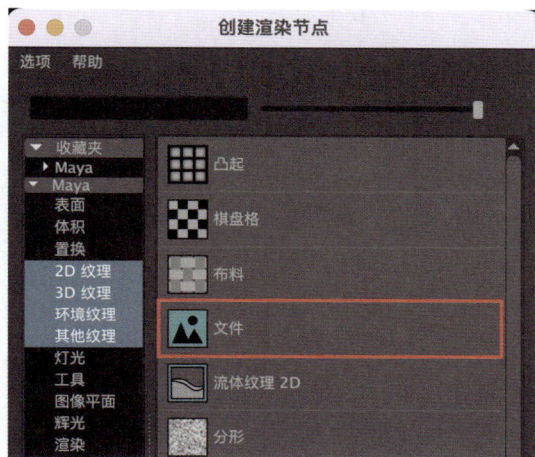

图7-37

▶04 在"文件属性"卷展栏中，单击"图像名称"后面的文件夹按钮，浏览并添加本书配套资源"叶子.jpg"贴图文件，制作出叶片材质的表面纹理，如图7-38所示。

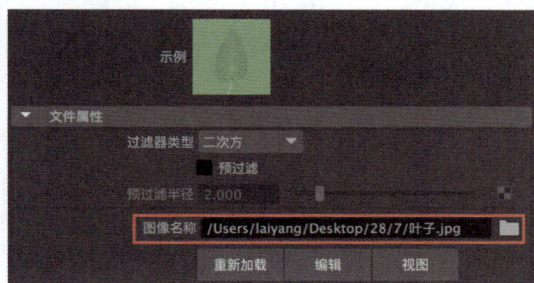

图7-38

▶05 展开"几何体"卷展栏，单击"凹凸贴图"后面的方形按钮，如图7-39所示。

图7-39

▶06 在弹出的"创建渲染节点"对话框中单击"文件"图标，如图7-40所示。

▶07 在"2D凹凸属性"卷展栏中，设置"凹凸深度"的值为0.1，用来控制材质凹凸的程度，如图7-41所示。

▶08 在"文件属性"卷展栏中，单击"图像名称"后面的文件夹按钮，浏览并添加本书配套资源"叶子凹凸.jpg"贴图文件，用来控制叶片材质

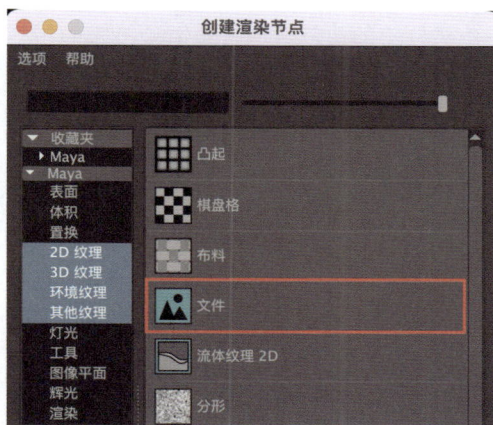

图7-40

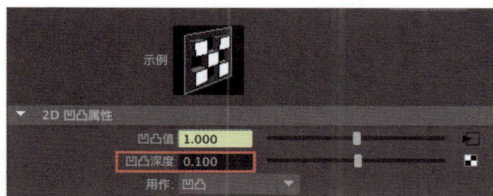

图7-41

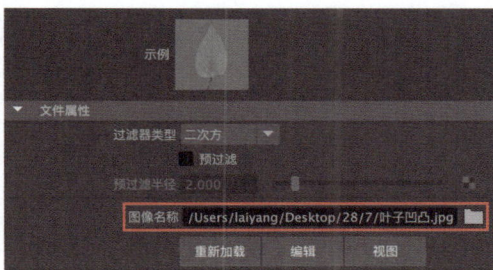

图7-42

▶09 制作完成后的植物叶片材质球显示结果如图7-43所示。

图7-43

7.3.6 制作窗户玻璃材质

本实例中的窗户玻璃材质渲染结果如图7-44所示。

图7-44

▶01 在场景中选择窗户玻璃模型，如图7-45所示。为其指定标准曲面材质。

图7-45

▶02 在"镜面反射"卷展栏中，设置"粗糙度"为0，如图7-46所示。

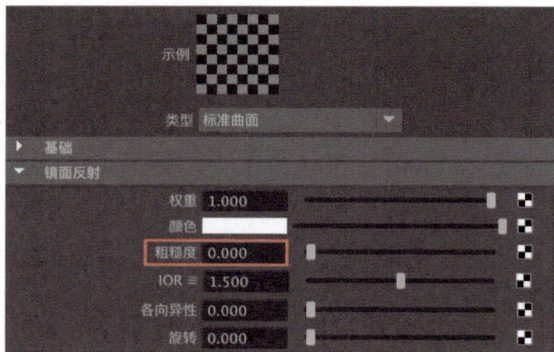

图7-46

▶03 在"透射"卷展栏中，设置"权重"为1，如图7-47所示。

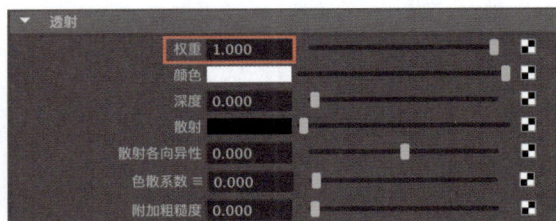

图7-47

▶04 制作完成后的窗户玻璃材质球显示结果如图7-48所示。

图7-48

7.3.7 制作背景墙材质

本实例中的背景墙材质渲染结果如图7-49所示。

图7-49

▶01 在场景中选择背景墙模型，如图7-50所示。为其指定标准曲面材质。

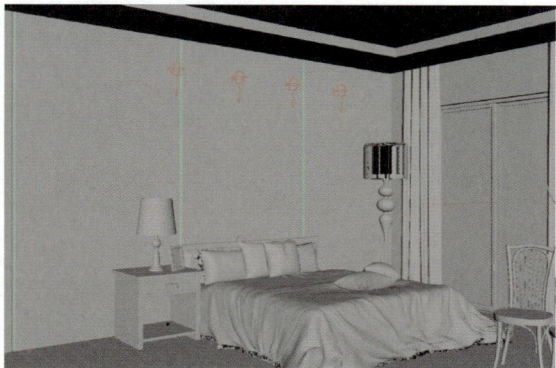

图7-50

▶02 在"基础"卷展栏中，单击"颜色"后面的方形按钮，如图7-51所示。

图7-51

▶03 在弹出的"创建渲染节点"对话框中单击"文件"图标，如图7-52所示。

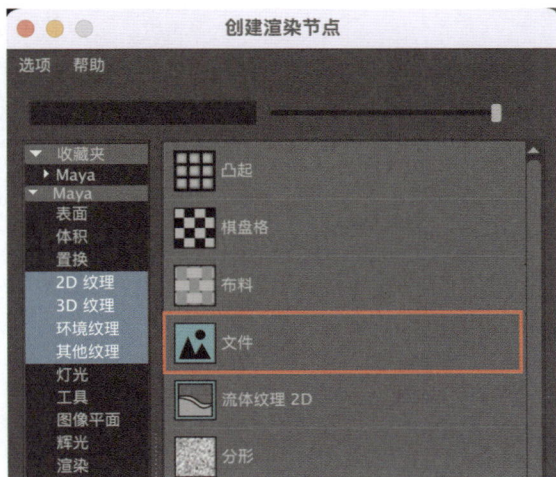

图7-52

▶04 在"文件属性"卷展栏中，单击"图像名

称"后面的文件夹按钮，浏览并添加本书配套资源"背景墙木纹.png"贴图文件，制作出背景墙材质的表面纹理，如图7-53所示。

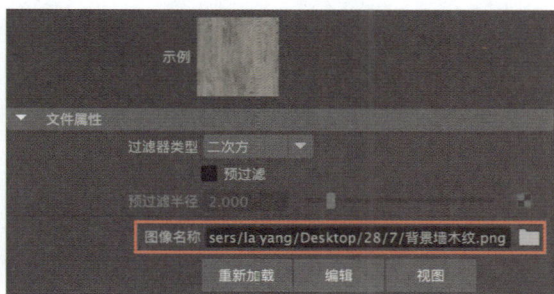

图7-53

▶05 在"镜面反射"卷展栏中，设置"粗糙度"为0.2，如图7-54所示。

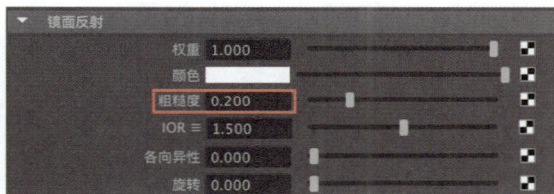

图7-54

▶06 制作完成后的背景墙材质球显示结果如图7-55所示。

图7-55

7.3.8 制作红色抱枕材质

本实例中的红色抱枕材质渲染结果如图7-56所示。

图7-56

01 在场景中选择抱枕模型，如图7-57所示。为其指定标准曲面材质。

图7-57

02 在"基础"卷展栏中，设置"颜色"为橘红色。在"镜面反射"卷展栏中，设置"粗糙度"为0.7，如图7-58所示。其中，"颜色"的参数设置如图7-59所示。

03 制作完成后的抱枕材质球显示结果如图7-60所示。

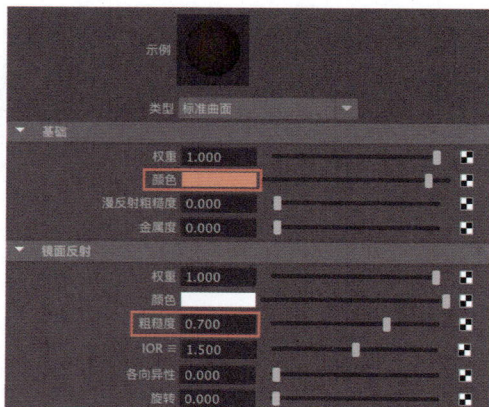

图7-58

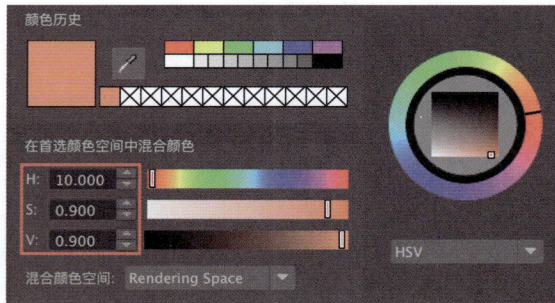

图7-59

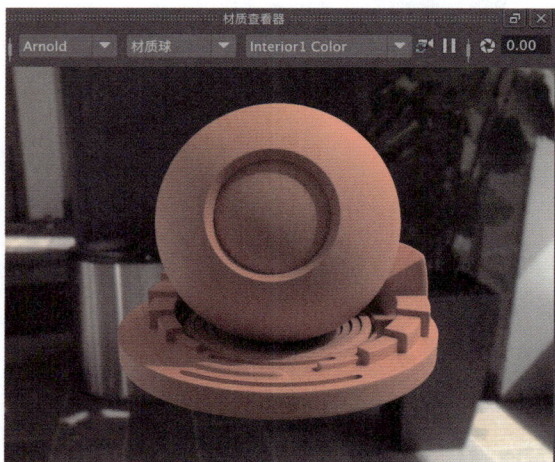

图7-60

7.4 设置灯光

7.4.1 制作日光照明效果

01 在Arnold工具架中，单击Create Physical Sky（创建物理天空）图标，如图7-61所示，即可在场景中创建一个Arnold渲染器为用户提供的物理天空灯光，如图7-62所示。

02 创建完成后，渲染场景，物理天空灯光的默认渲染结果如图7-63所示。

03 在"属性编辑器"面板中，展开Physical Sky Attributes（物理天空属性）卷展栏，设置Elevation（海拔）为30，Azimuth（方位）为350，调整阳光的照射角度。设置Intensity（强度）为5，Sun Size（太阳大小）为3，如图7-64所示。

图7-61

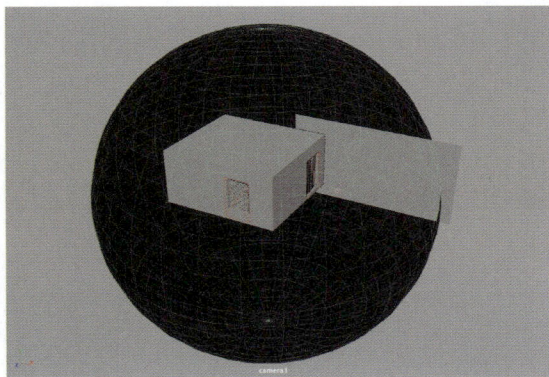

图7-62

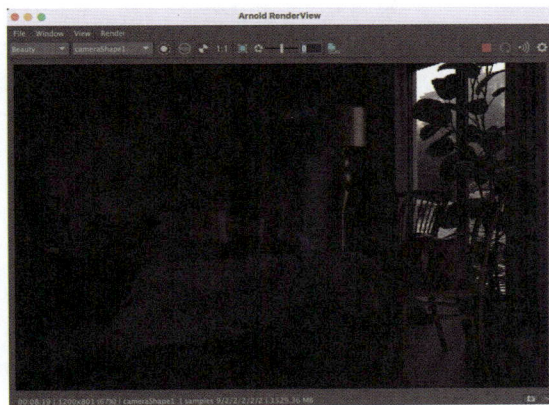

图7-63

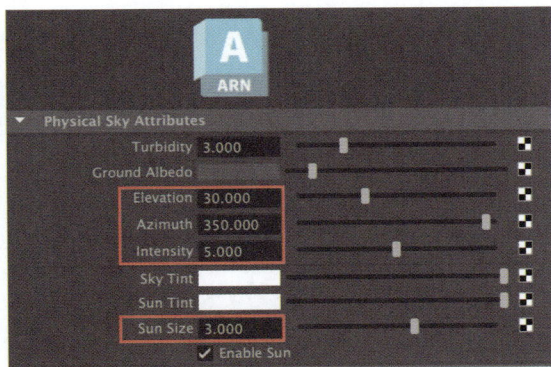

图7-64

▶04 在SkyDomeLight Attributes（天空灯光属性）卷展栏中，设置Samples（采样）为5，如图7-65所示。

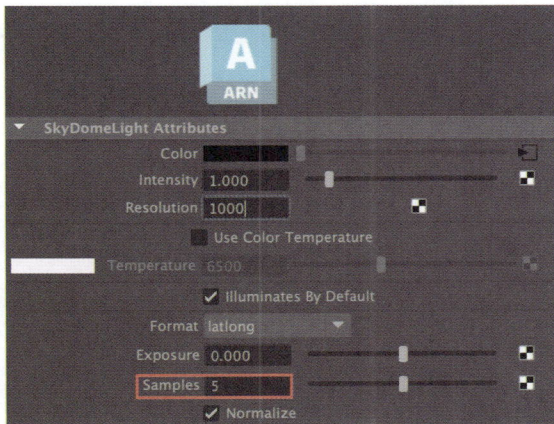

图7-65

▶05 设置完成后，渲染场景，渲染结果如图7-66所示。

图7-66

7.4.2　制作辅助照明效果

▶01 物理天空灯光的参数设置完成后，从渲染结果上看，渲染出来的图像还是暗一些，这时，可以考虑在场景中添加区域灯光来进行辅助照明，以提升室内空间的整体照明亮度。在Arnold工具架中，单击Create Area Light（创建区域灯光）图标，如图7-67所示。在场景中创建一个Arnold渲染器提供的区域灯光。

图7-67

使用"渲染"工具架上的"区域光"也可以得到同样的照明效果。具体使用哪种灯光主要看用户的使用习惯。

▶02 使用"缩放工具"调整区域灯光的大小，并使用"移动工具"调整灯光的位置，如图7-68所示，使之与场景中的落地窗户模型的尺寸相匹配。

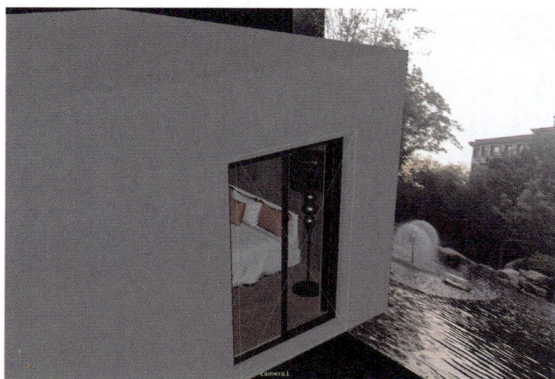
图7-68

▶03 在"属性编辑器"面板中，展开Arnold Area Light Attributes（Arnold区域灯光属性）卷展栏，设置Intensity（强度）为200，Exposure（曝光）为10，提高区域灯光的照明强度，如图7-69所示。

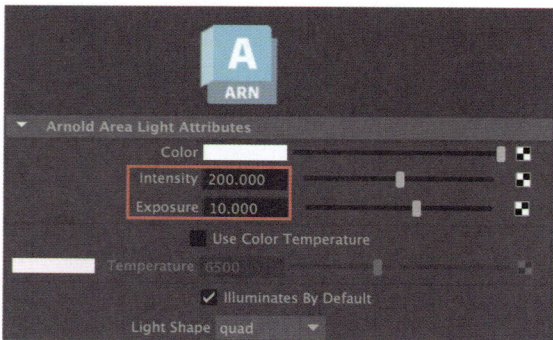
图7-69

▶04 选择设置完成的区域灯光，使用Ctrl+D组合键，复制出一个区域灯光，并调整其照射方向及位置，如图7-70所示。
▶05 设置完成后，渲染场景，添加了辅助照明后的场景渲染结果如图7-71所示。

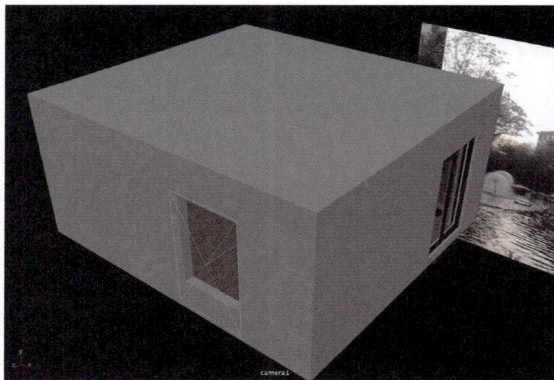
图7-70

图7-71

7.4.3　使用IES文件制作射灯照明效果

▶01 在Arnold工具架中，单击Create Photometric Light（创建光度学灯光）图标，如图7-72所示。在场景中创建一个Arnold渲染器提供的光度学灯光。

图7-72

▶02 使用"缩放工具"调整区域灯光的大小，并使用"移动工具"调整灯光的位置至图7-73所示位置处。
▶03 在"属性编辑器"面板中，展开Photometric Light Attributes（光度学灯光属性）卷展栏，单击Photometry File（光度学文件）属性后面的文件夹按钮，浏览本书配套资源文件"deng.ies"，使用光域网文件来制作光度学灯光的照明范围。调整灯光的Color（颜色）为黄色，Intensity（强度）为200，Exposure（曝光）为5，提高灯光的亮度，如图7-74所示。

图7-73

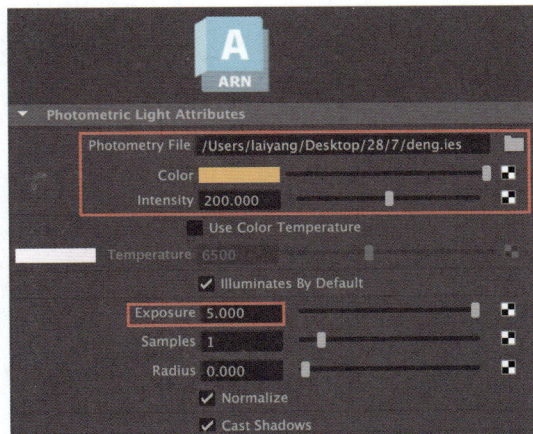

图7-74

▶04 选择光度学灯光，使用Ctrl+D组合键，复制一个光度学灯光，并调整其位置，如图7-75所示。

图7-75

▶05 使用Shift+D组合键，再复制出两个光度学灯光，如图7-76所示。

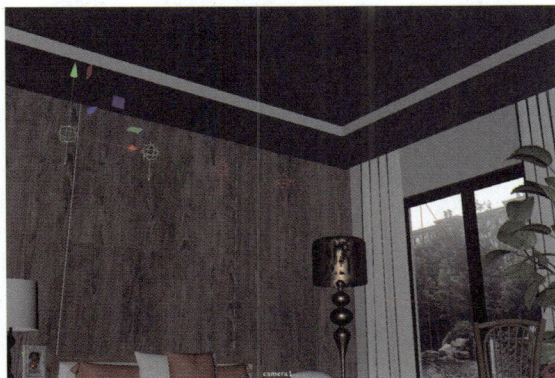

图7-76

▶06 设置完成后，渲染场景，添加了射灯照明效果后的场景渲染结果如图7-77所示。

图7-77

技术专题——Photometric Light灯光工具解析

Photometric Light（光度学灯光）使用的是从真实世界灯光测量得到的数据文件来计算照明结果，这些数据通常来自于灯泡和灯罩制造商。例如我们可以导入来自 Erco、Lamp、Osram 和 Philips 等公司的 IES 数据文件，这些 IES 文件能够提供给光度学灯光精确的照明强度和扩散数据。如图7-78所示为使用了不同IES文件所产生的灯光照明结果。

图7-78

Photometric Light（光度学灯光）的主要灯光控制参数可以在Photometric Light Attributes卷展栏内找到，如图7-79所示。

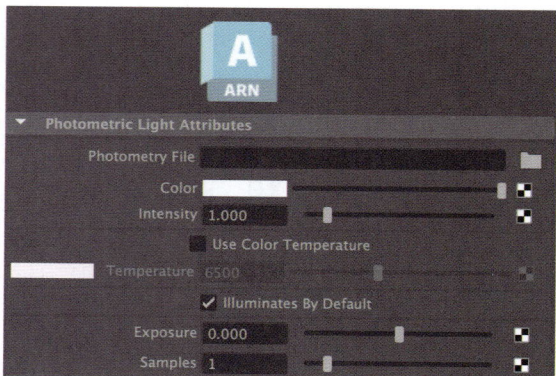

图7-79

主要工具解析：

- Photometry File：单击该属性后面的文件夹按钮可以弹出Load Photometry File对话框，浏览本地计算机上的IES文件。
- Color：用于设置灯光的颜色。
- Intensity：用于设置灯光的照明强度。
- Use Color Temperature：使用色温来控制灯光的颜色。
- Temperature：设置灯光的色温值。

提示 色温以开尔文为单位，主要用于控制灯光的颜色。默认值为6500，是国际照明委员会（CIE）所认定的白色。当色温值小于6500时会偏向于红色，当色温值大于6500时则会偏向于蓝色，如图7-80所示显示了不同单位的色温值对场景所产生的光照色彩影响。另外，需要注意的是，勾选了使用色温复选框后，将覆盖掉灯光的默认颜色，并包括指定给颜色属性的任何纹理。

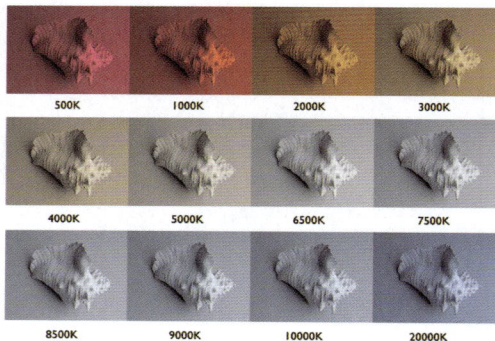

图7-80

7.5 渲染及后期处理

▶01 打开"渲染设置"面板，在"公用"选项卡中，展开"图像大小"卷展栏，将渲染图像的"预设"选择为"HD_720"，如图7-81所示。

▶02 在Arnold Renderer选项卡中，展开Sampling卷展栏，设置Camera（AA）的值为15，提高渲染图像的计算采样精度，如图7-82所示。

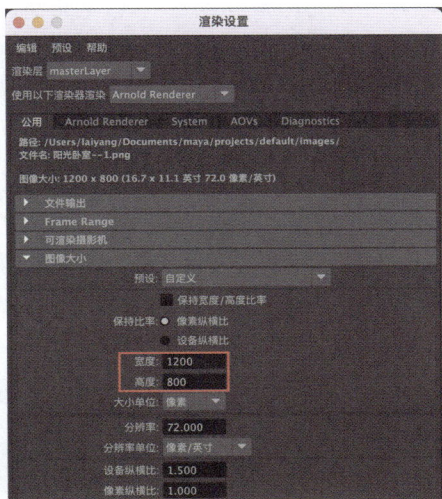

图7-81

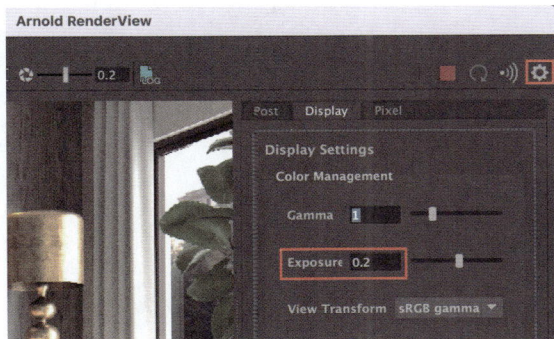

图7-82

▶03 设置完成后，渲染场景，渲染结果如图7-83所示。

图7-83

▶04 在Arnold RenderView（Arnold渲染视口）中，单击右上角的齿轮形状的Display Setting（显示设置）按钮，打开Display（显示）选项卡，设置Exposure（曝光）为0.2，增加一点渲染图像的亮度，如图7-84所示。

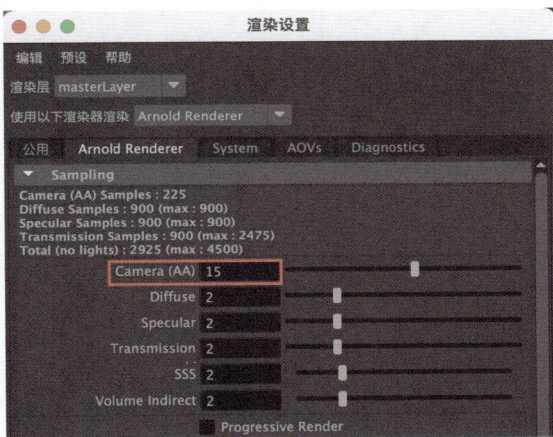

图7-84

▶05 本实例的最终渲染结果如图7-85所示。

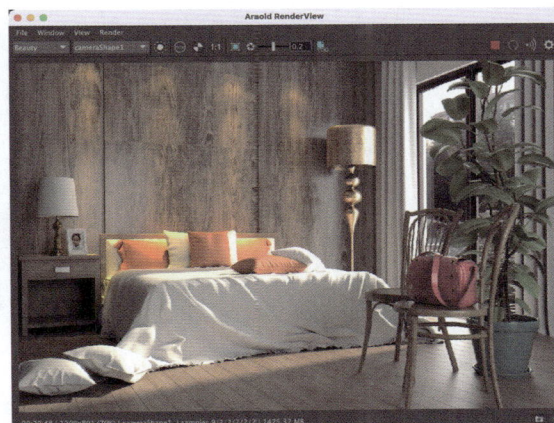

图7-85

第8章 林中小屋——体积光表现技术

8.1 实例简介

本实例通过制作一个林中小屋的动画场景来详细讲解Maya中体积光的使用方法，实例最终完成效果如图8-1所示，线框效果图如图8-2所示。

图8-1

图8-2

打开本实例配套场景文件"林中小屋.mb"，本实例的场景文件如图8-3所示。

图8-3

8.2 制作模型材质

本实例中涉及的主要材质有树皮材质、树叶材质、墙体材质、栏杆材质、石头材质和玻璃材质。

8.2.1 制作树皮材质

本实例中的树皮材质渲染结果如图8-4所示。

图8-4

01 在场景中选择树干模型，如图8-5所示。

图8-5

02 单击"渲染"工具架上的"标准曲面材质"图标，如图8-6所示。

图8-6

03 在"基础"卷展栏中，单击"颜色"后面的方形按钮，如图8-7所示。

图8-7

04 在"文件属性"卷展栏中，单击"图像名称"后面的文件夹按钮，浏览并添加本书配套资源"树皮-1.jpg"贴图文件，制作出树皮材质的表面纹理，如图8-8所示。

05 接下来，调整树皮材质的凹凸效果。展开

"几何体"卷展栏，在"凹凸贴图"参数后面的文本框内输入"file21"，并按Enter键确定，即可将刚刚设置的"文件"渲染节点连接到凹凸贴图属性上，如图8-9所示。

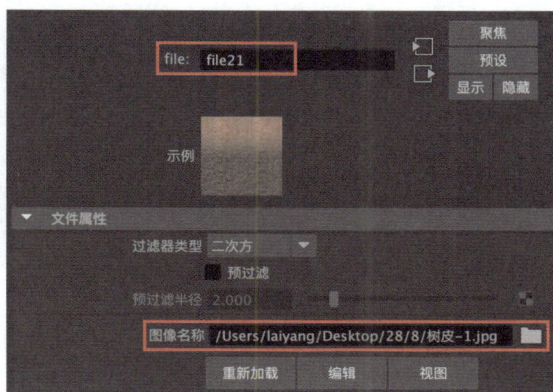

图8-8

图8-9

提示 "凹凸贴图"参数后面输入的名称，可以参考图8-8上"文件"渲染节点的名称来输入。

06 在"2D凹凸属性"卷展栏中，设置"凹凸深度"为3，提高树皮材质的凹凸质感，如图8-10所示。

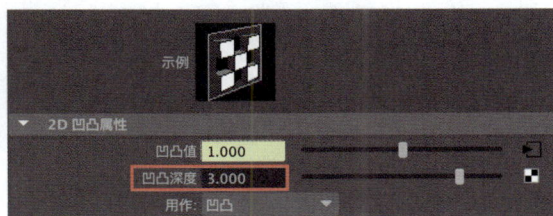

图8-10

07 设置完成后，树皮材质球在"材质查看器"中的计算显示结果如图8-11所示。

129

图8-11

技术专题——"材质查看器"的使用方法

"材质查看器"选项卡里提供了多种形体用来直观地显示我们调试的材质预览，而不是仅仅以一个材质球的方式来显示材质。材质的形态计算采用了"硬件"和Arnold这2种材质计算方式，如图8-12所示分别是相同材质经过这2种计算方式所产生的不同显示结果对比。

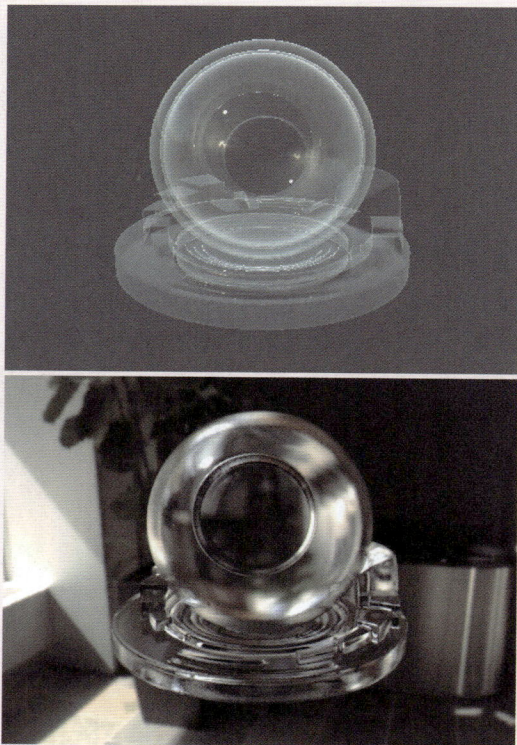

图8-12

"材质查看器"选项卡里的"材质样例选项"中提供了多种形体用于材质的显示，有"材质球""布料""茶壶""海洋""海洋飞溅""玻璃填充""玻璃飞溅""头发""球体"和"平面"这10种方式可选，如图8-13所示。

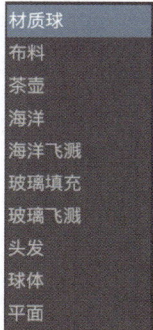

图8-13

1. "材质球"样例

材质样例设置为"材质球"后的显示效果如图8-14所示。

图8-14

2. "布料"样例

材质样例设置为"布料"后的显示效果如图8-15所示。

图8-15

3. "茶壶"样例

材质样例设置为"茶壶"后的显示效果如图8-16所示。

图8-16

4."海洋"样例

材质样例设置为"海洋"后的显示效果如图8-17所示。

图8-17

5."海洋飞溅"样例

材质样例设置为"海洋飞溅"后的显示效果如图8-18所示。

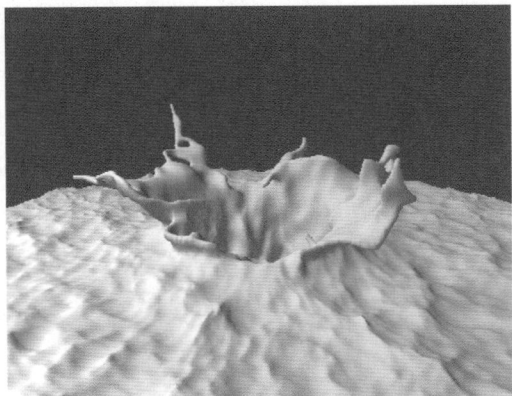
图8-18

6."玻璃填充"样例

材质样例设置为"玻璃填充"后的显示效果如图8-19所示。

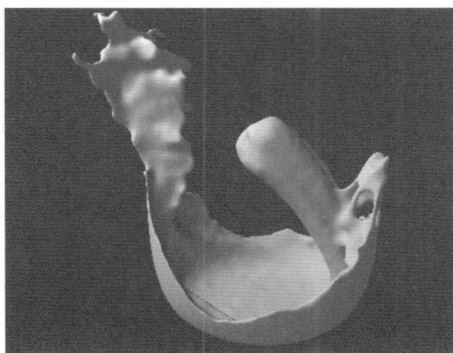
图8-19

7."玻璃飞溅"样例

材质样例设置为"玻璃飞溅"后的显示效果如图8-20所示。

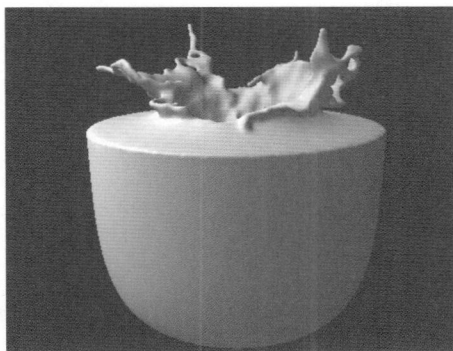
图8-20

8."头发"样例

材质样例设置为"头发"后的显示效果如图8-21所示。

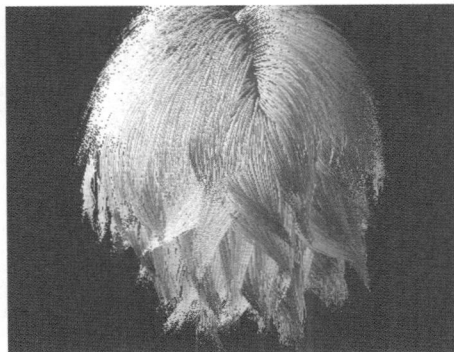
图8-21

9. "球体" 样例

材质样例设置为 "球体" 后的显示效果如图8-22所示。

图8-22

10. "平面" 样例

材质样例设置为 "平面" 后的显示效果如图8-23所示。

图8-23

8.2.2 制作树叶材质

本实例中的树叶材质渲染结果如图8-24所示。

图8-24

▶01 在场景中选择树叶模型，如图8-25所示。为其指定标准曲面材质。

图8-25

▶02 在 "基础" 卷展栏中，单击 "颜色" 后面的方形按钮，如图8-26所示。

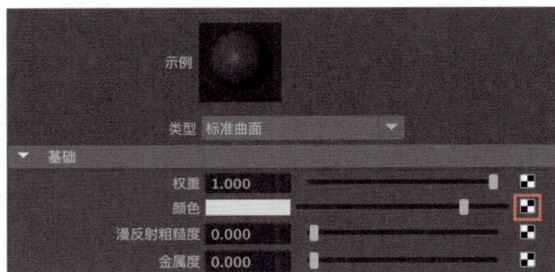

图8-26

▶03 在弹出的 "创建渲染节点" 对话框中单击 "文件" 图标，如图8-27所示。

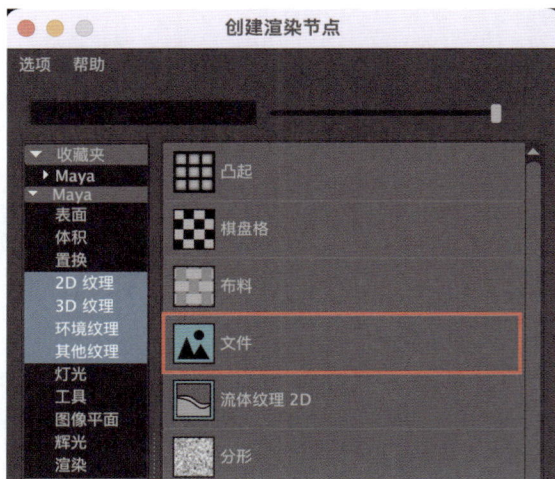

图8-27

▶04 在 "文件属性" 卷展栏中，单击 "图像名称"后面的文件夹按钮,浏览并添加本书配套资源"叶片-2.png"贴图文件,制作出叶片材质的表面纹理,如图8-28所示。

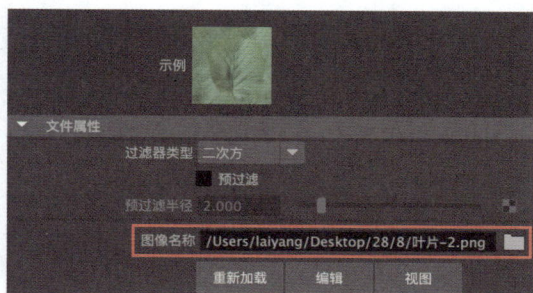
图8-28

▶05 在"几何体"卷展栏中,单击"不透明度"后面的方形按钮,如图8-29所示。

图8-29

▶06 在弹出的"创建渲染节点"对话框中单击"文件"图标,如图8-30所示。

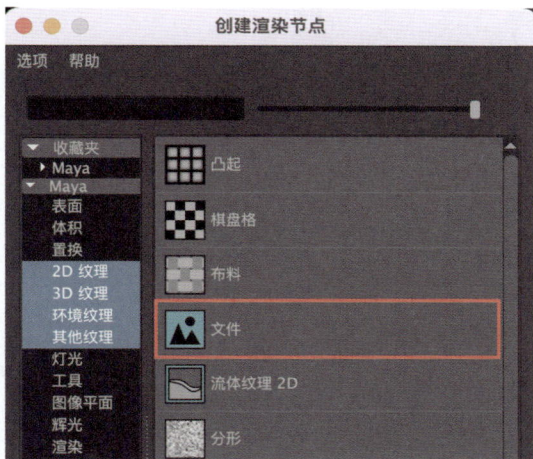
图8-30

▶07 在"文件属性"卷展栏中,单击"图像名称"后面的文件夹按钮,浏览并添加本书配套资源"叶片-2-透明.png"贴图文件,制作出树叶材质的透明效果,如图8-31所示。
▶08 制作完成后的树叶材质球显示结果如图8-32所示。

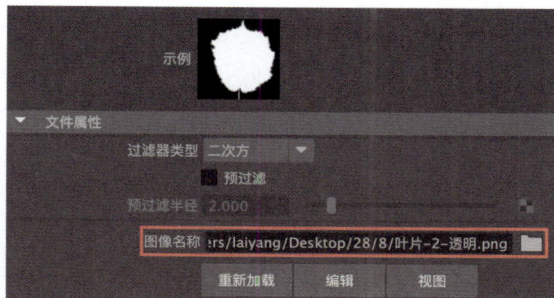
图8-31

图8-32

8.2.3　制作墙体材质

本实例中的墙体材质渲染结果如图8-33所示。

图8-33

▶01 在场景中选择房屋墙体模型,如图8-34所示。为其指定标准曲面材质。
▶02 在"基础"卷展栏中,设置"颜色"为浅蓝色。在"镜面反射"卷展栏中,设置"权重"为

0，如图8-35所示。其中，"颜色"的参数设置如图8-36所示。

图8-34

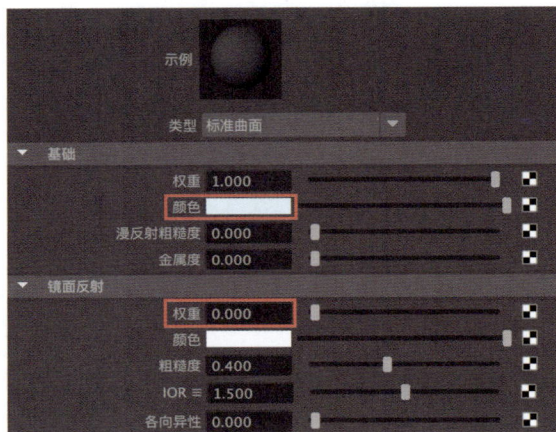

图8-35

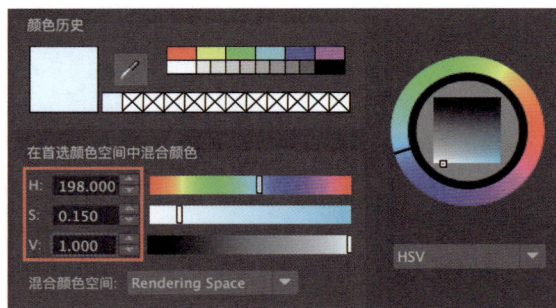

图8-36

▶**03** 制作完成后的墙体材质球显示结果如图8-37所示。

图8-37

8.2.4 制作栏杆材质

本实例中的栏杆材质渲染结果如图8-38所示。

图8-38

▶**01** 在场景中选择栏杆模型，如图8-39所示。为其指定标准曲面材质。

图8-39

02 在"基础"卷展栏中，设置"颜色"为灰色，"金属度"为1，增加材质的金属质感。在"镜面反射"卷展栏中，设置"粗糙度"为0.4，如图8-40所示。其中，"颜色"的参数设置如图8-41所示。

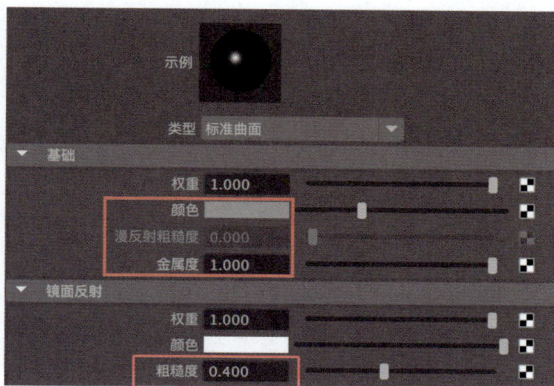
图8-40

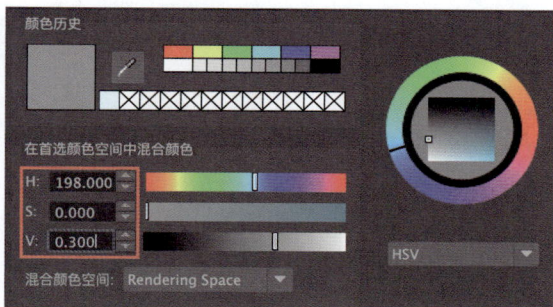
图8-41

03 制作完成后的栏杆材质球显示结果如图8-42所示。

图8-42

8.2.5　制作石头材质

本实例中石头材质的渲染结果如图8-43所示。

图8-43

01 在场景中选择石头模型，如图8-44所示。为其指定标准曲面材质。

图8-44

02 在"基础"卷展栏中，单击"颜色"后面的方形按钮，如图8-45所示。

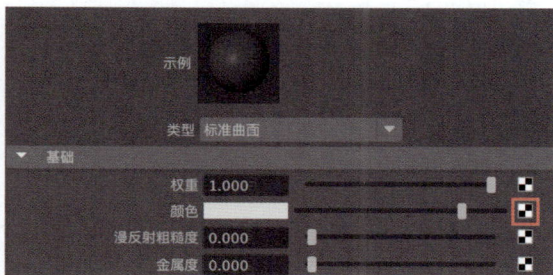
图8-45

03 在弹出的"创建渲染节点"对话框中单击"文件"图标，如图8-46所示。

图8-46

▶04 在"文件属性"卷展栏中，单击"图像名称"后面的文件夹按钮，浏览并添加本书配套资源"地块-2.jpg"贴图文件，制作出石头材质的表面纹理，如图8-47所示。

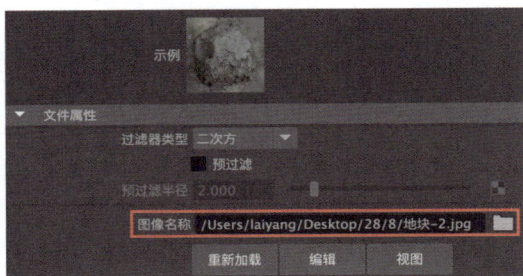

图8-47

▶05 在"几何体"卷展栏中，单击"凹凸贴图"后面的方形按钮，如图8-48所示。

图8-48

▶06 在弹出的"创建渲染节点"对话框中单击"文件"图标，如图8-49所示。

▶07 在"2D凹凸属性"卷展栏中，单击"凹凸值"后面的按钮，如图8-50所示。

▶08 在"文件属性"卷展栏中，单击"图像名称"后面的文件夹按钮，浏览并添加本书配套资源"法线.jpg"贴图文件，制作出石头材质的表面纹理，如图8-51所示。

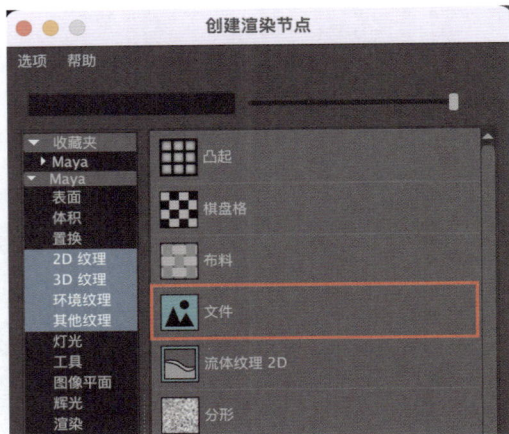

图8-49

图8-50

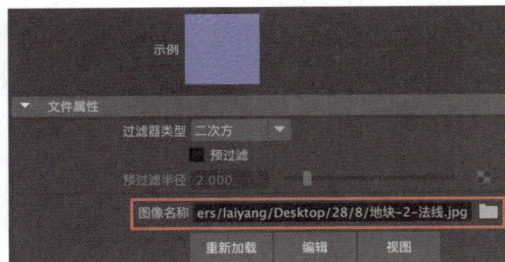

图8-51

▶09 制作完成后的石头材质球显示结果如图8-52所示。

图8-52

8.2.6 制作玻璃材质

本实例中的玻璃材质渲染结果如图8-53所示。

图8-53

▶01 在场景中选择玻璃模型，如图8-54所示。为其指定标准曲面材质。

图8-54

▶02 在"镜面反射"卷展栏中，设置"粗糙度"为0.1，如图8-55所示。

图8-55

▶03 在"透射"卷展栏中，设置"权重"为1，如

图8-56所示。

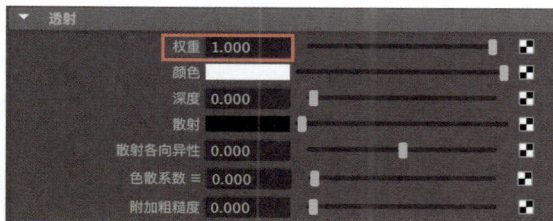

图8-56

▶04 制作完成后的玻璃材质球显示结果如图8-57所示。

图8-57

8.3 设置灯光

8.3.1 制作天光照明效果

▶01 在Arnold工具架中，单击Create Physical Sky（创建物理天空）图标，如图8-58所示，在场景中创建一个Arnold渲染器为用户提供的物理天空灯光，如图8-59所示。

图8-58

▶02 在"属性编辑器"面板中，展开Physical Sky Attributes（物理天空属性）卷展栏，设置

Elevation（海拔）为25，Azimuth（方位）为120，Intensity（强度）为6，Sky Tint（天空色调）为浅蓝色，Sun Tint（太阳色调）为浅黄色，Sun Size（太阳大小）为5，如图8-60所示。其中，Sky Tint（天空色调）和Sun Tint（太阳色调）的参数设置如图8-61和图8-62所示。

▶03 设置完成后，渲染场景，渲染结果如图8-63所示。

图8-59

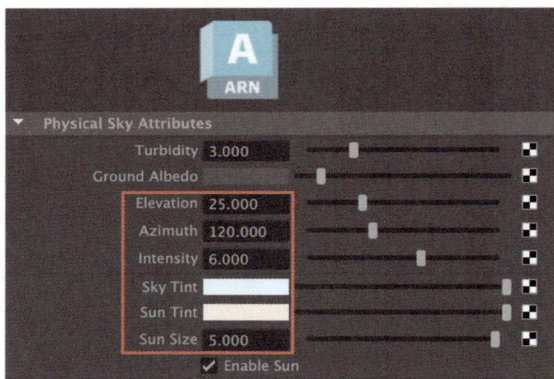

图8-60

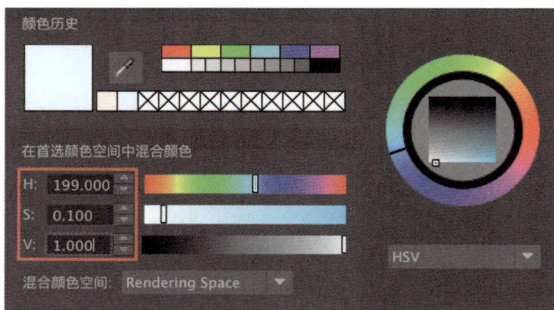

图8-61

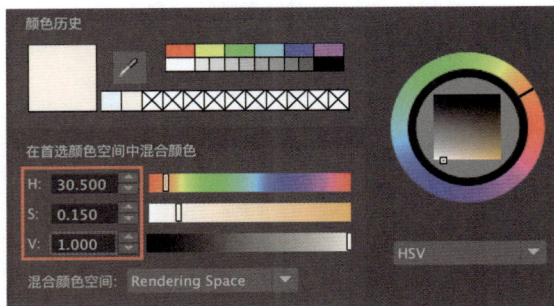

图8-62

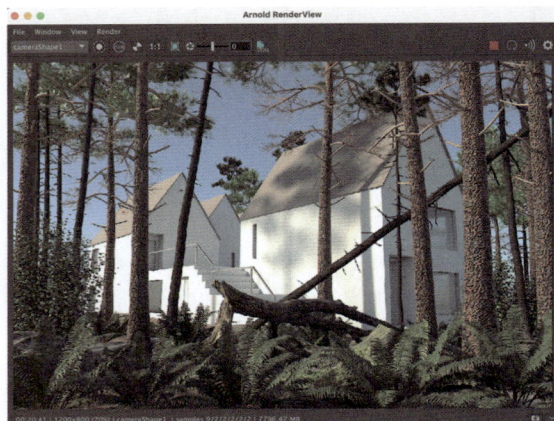

图8-63

8.3.2 制作体积光效果

▶01 单击Arnold工具架上的第一个图标Create Area Light（创建区域灯光），在场景中创建一个区域灯光，如图8-64所示。

图8-64

▶02 缩放区域灯光的大小，并调整其位置，如图8-65所示。

▶03 在"属性编辑器"面板中，展开Arnold Area Light Attributes（Arnold区域灯光属性）卷展栏，设置Color（颜色）为黄色，Intensity（强度）为200，Exposure（曝光）为3，如图8-66所示。其中，Color（颜色）的参数设置如图8-67所示。

图8-65

图8-68

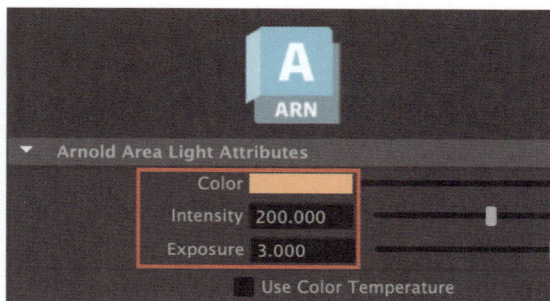

图8-66

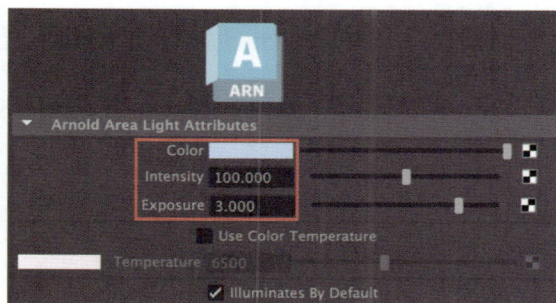

图8-69

图8-67

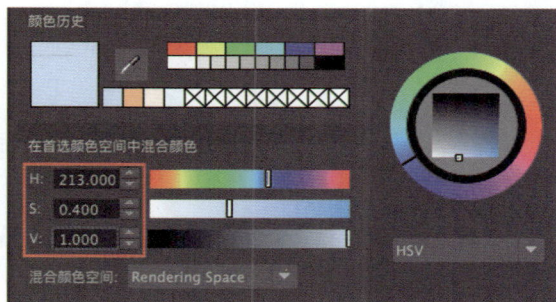

图8-70

▶04 在场景中再次创建一个区域灯光，并调整灯光的位置，如图8-68所示。

▶05 在"属性编辑器"面板中，展开Arnold Area Light Attributes（Arnold区域灯光属性）卷展栏，设置Color（颜色）为蓝色，Intensity（强度）为100，Exposure（曝光）为3，如图8-69所示。其中，Color（颜色）的参数设置如图8-70所示。

▶06 打开"渲染设置"面板，在Arnold Renderer选项卡中，展开Environment（环境）卷展栏，单击Atmosphere（大气）属性后面的方形按钮，在弹出的菜单中执行Create aiAtmosphereVolume命令，如图8-71所示。

图8-71

▶07 设置完成后，可以看到Maya为Atmosphere属性添加了一个aiAtmosphereVolume渲染节点，如图8-72所示。

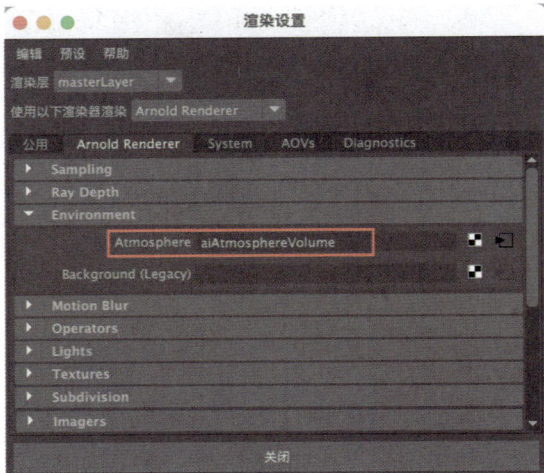

图8-72

▶08 展开Volume Attributes（体积属性）卷展栏，调整Density（密度）为0.3，如图8-73所示。

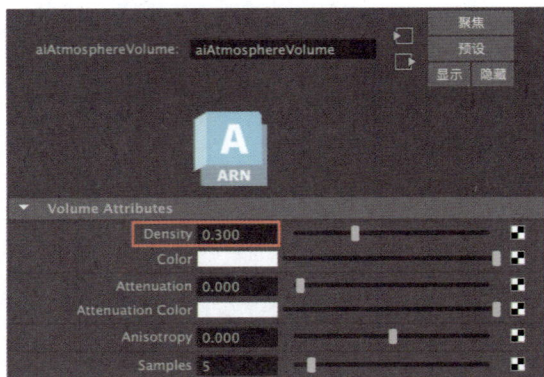

图8-73

▶09 设置完成后，渲染场景，渲染结果如图8-74所示。

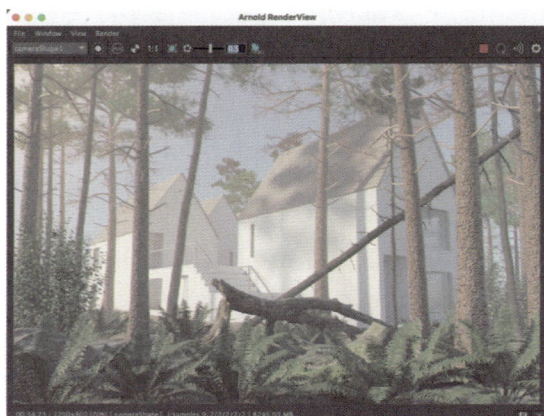

图8-74

技术专题——Volume Attributes卷展栏命令解析

Volume Attributes卷展栏中的命令主要用来模拟大气体积效果，其中的参数命令如图8-75所示。

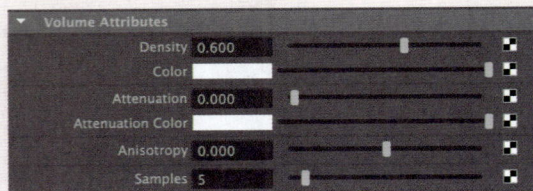

图8-75

工具解析：

- Density：用于设置大气体积的密度，如图8-76所示分别为该值是0.3和1的渲染结果对比。

图8-76

- Color：该属性以其RGB值乘以密度值来影响大气体积的颜色，如图8-77所示为该属性调试成黄色后的图像渲染结果。
- Attenuation：用于设置大气体积的衰减效果。
- Attenuation Color：该属性以其RGB值乘以衰减值来影响大气体积的颜色，如图8-78所示为Attenuation（衰减）是0.004，Attenuation Color

（衰减颜色）为黄色后的图像渲染结果。

- Anisotropy：用于设置大气体积的各向异性属性。

- Samples：用于提高大气体积的图像计算质量。

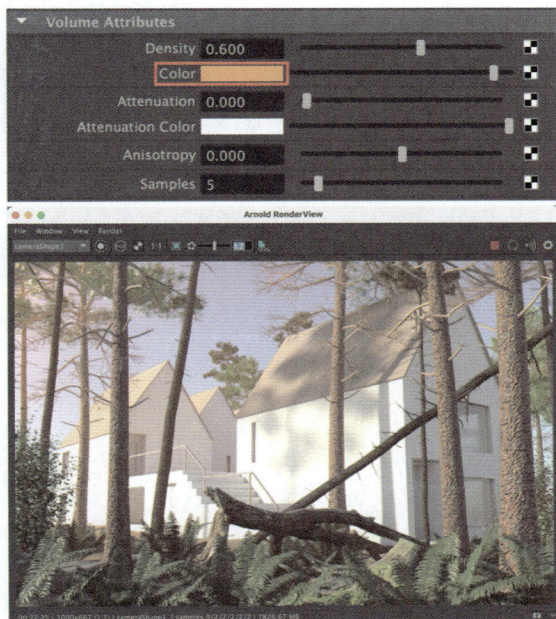

图8-77

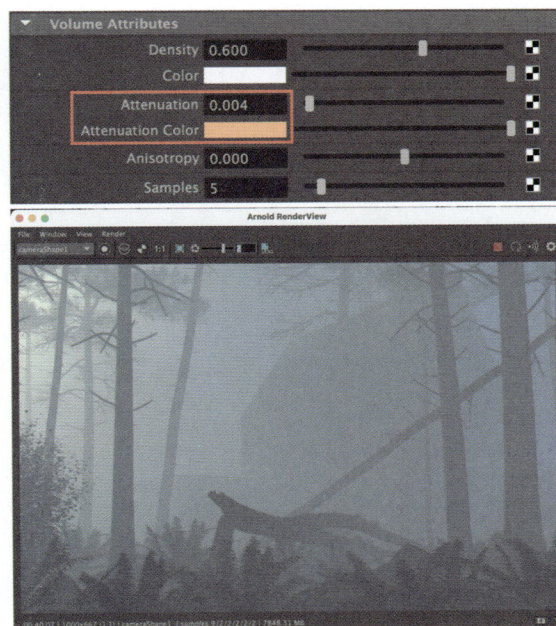

图8-78

8.4　渲染及后期处理

▶01 打开"渲染设置"面板，在"公用"选项卡中展开"图像大小"卷展栏，设置渲染图像的"宽度"为1200，"高度"为800，如图8-79所示。

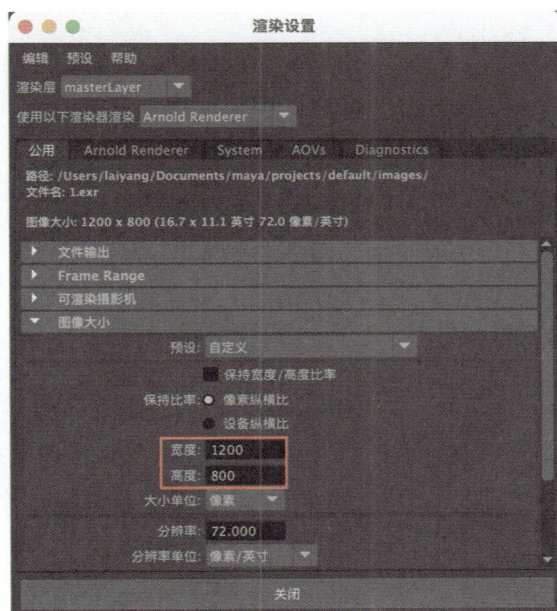

图8-79

▶02 在Arnold Renderer选项卡中，展开Sampling（采样）卷展栏，设置Camera（AA）的值为9，提高渲染图像的计算采样精度，如图8-80所示。

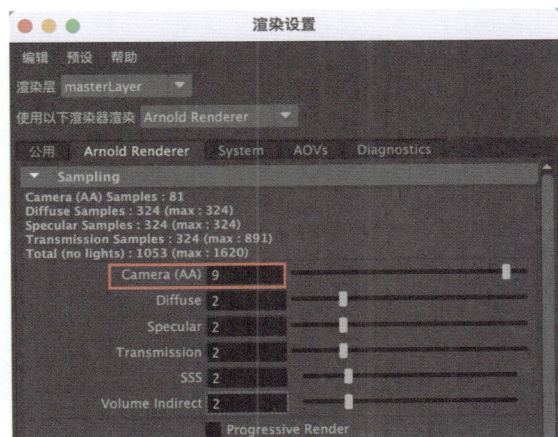

图8-80

▶**03** 设置完成后，渲染场景，渲染结果如图8-81
所示。

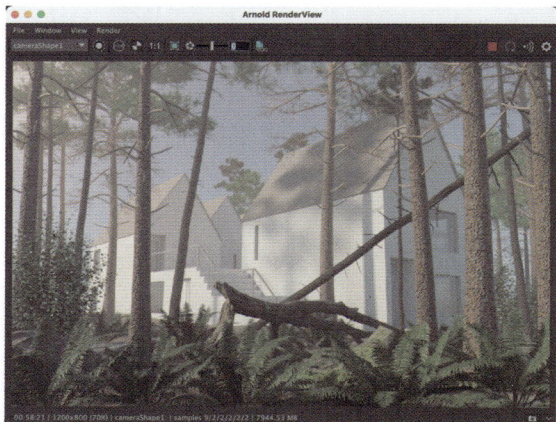

图8-81

▶**04** 在Arnold RenderView（Arnold渲染视口）
中，单击右上角的齿轮形状的Display Setting（显
示设置）按钮，在Display（显示）选项卡中，设
置Gamma为0.8，Exposure（曝光）为1.5，增加一
点渲染图像的亮度。View Transform（视图变换）
为ACES sRGB，如图8-82所示。

▶**05** 本实例的最终渲染结果如图8-83所示。

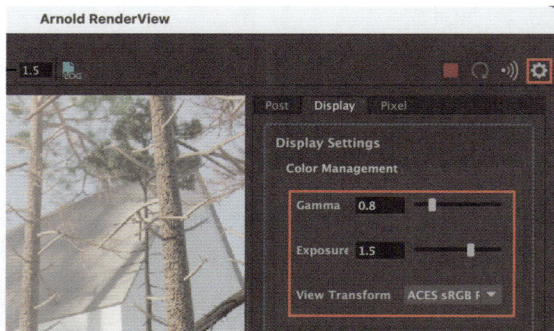

图8-82

图8-83

第 9 章　重庆大礼堂——雾天效果表现

9.1　实例简介

本实例为重庆市地标建筑——重庆市人民大礼堂的建筑外观表现。其建筑特点沿用了明清两代的古建筑风格，采样中轴线对称式设计，远观宏伟大气、庄严华丽，本实例最终完成效果如图9-1所示，线框效果图如图9-2所示。

图9-1　　　　　　　　　　　　　　图9-2

9.2　模型检查

在对模型进行材质制作之前，通常需要先检查一下场景模型来查看模型是否有重面、破面及漏光现象，主要设置步骤如下。

▶01 启动Maya软件，打开本书配套场景文件"大礼堂.mb"，如图9-3所示。

图9-3

▶02 选择场景中的所有模型，如图9-4所示。

图9-4

▶03 单击"渲染"工具架上的"标准曲面材质"图标，如图9-5所示。

图9-5

▶04 在"属性编辑器"面板中，展开"基础"卷展栏，设置"权重"为1，"颜色"为白色，如图9-6所示。

图9-6

▶05 在"镜面反射"卷展栏中，设置"权重"为0，取消材质的镜面反射计算，如图9-7所示。

图9-7

▶06 设置完成后，在Arnold工具架上单击Render（渲染）图标，如图9-8所示。

图9-8

▶07 通过渲染结果可以查看场景中的模型是否正确，本实例的白模渲染结果如图9-9所示。

图9-9

9.3 制作模型材质

本实例中涉及的主要材质主要有红色柱子材质、金顶围栏材质、玻璃材质、彩绘材质、金属材质、瓦片材质和金色宝顶材质。

9.3.1 制作红色柱子材质

本实例中的红色柱子材质渲染结果如图9-10所示。

图9-10

▶01 在场景中选择柱子模型，如图9-11所示。

图9-11

▶02 单击"渲染"工具架上的"标准曲面材质"图标，如图9-12所示。

图9-12

▶03 在"基础"卷展栏中，设置"颜色"为红色。在"镜面反射"卷展栏中，设置"粗糙度"为0.5，如图9-13所示。其中，"颜色"的参数设置如图9-14所示。

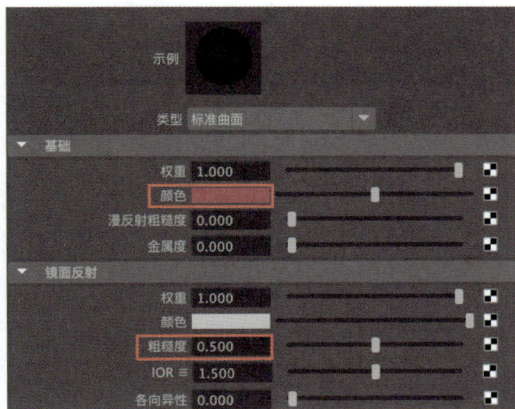

图9-13

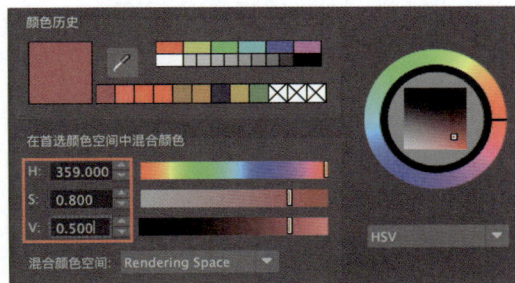

图9-14

▶04 设置完成后，红色柱子材质球在"材质查看器"中的计算显示结果如图9-15所示。

图9-15

9.3.2　制作金顶围栏材质

本实例中的金顶围栏材质渲染结果如图9-16所示。

图9-16

▶01 在场景中选择大礼堂金顶建筑部分上的围栏模型，如图9-17所示。为其指定标准曲面材质。

图9-17

▶**02** 在"基础"卷展栏中，单击"颜色"后面的方形按钮，如图9-18所示。

图9-18

▶**03** 在弹出的"创建渲染节点"对话框中单击"文件"图标，如图9-19所示。

图9-19

▶**04** 在"文件属性"卷展栏中，单击"图像名称"后面的文件夹按钮，浏览并添加本书配套资源"图案-d.jpg"贴图文件，制作出围栏材质的表面纹理，如图9-20所示。

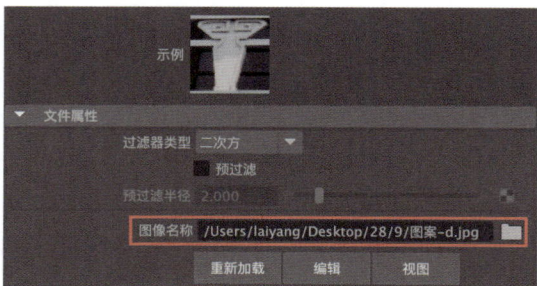

图9-20

▶**05** 在"镜面反射"卷展栏，设置"粗糙度"为0.35，增加一点围栏材质的镜面反射效果，如图9-21所示。

图9-21

▶**06** 制作完成后的金顶围栏材质球显示结果如图9-22所示。

图9-22

9.3.3　制作玻璃材质

本实例中的玻璃材质渲染结果如图9-23所示。

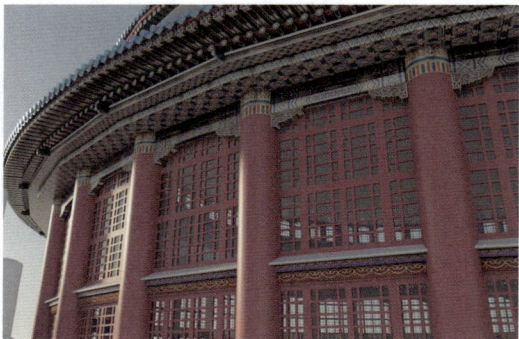

图9-23

▶**01** 在场景中选择玻璃模型，如图9-24所示。为其指定标准曲面材质。

▶**02** 在"镜面反射"卷展栏中，设置"粗糙度"为0，如图9-25所示。

▶**03** 在"透射"卷展栏中，设置"权重"为1，如图9-26所示。

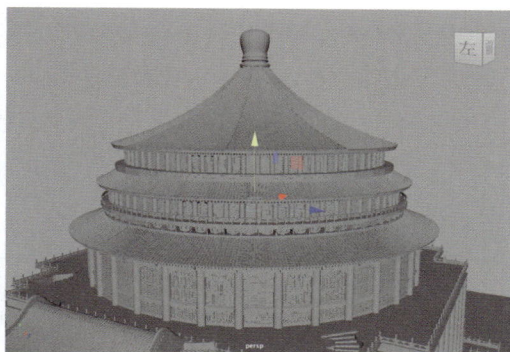

图9-24

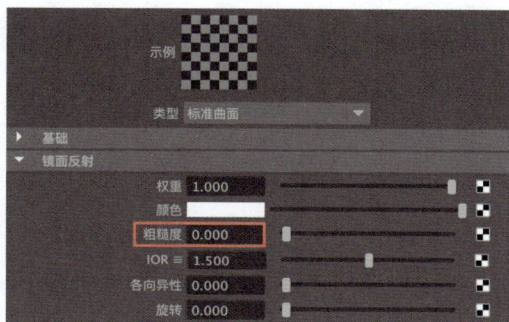

图9-25

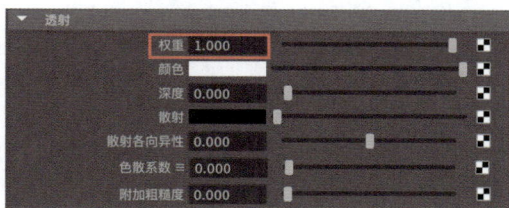

图9-26

▶**04** 制作完成后的玻璃材质球显示结果如图9-27所示。

图9-27

9.3.4　制作彩绘材质

本实例中的彩绘材质渲染结果如图9-28所示。

图9-28

▶**01** 在场景中选择大礼堂金顶建筑部分上的雀替建筑模型，如图9-29所示。为其指定标准曲面材质。

图9-29

▶**02** 在"基础"卷展栏中，单击"颜色"后面的方形按钮，如图9-30所示。

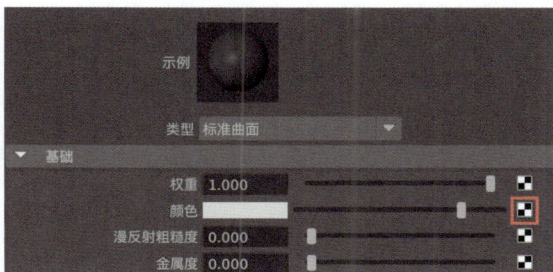

图9-30

▶**03** 在弹出的"创建渲染节点"对话框中单击"文件"图标，如图9-31所示。

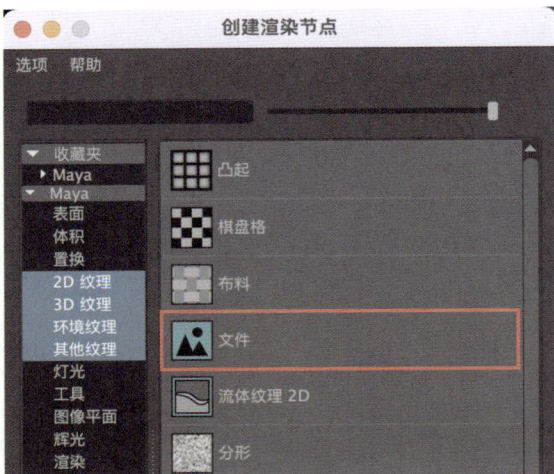

图9-31

▶**04** 在"文件属性"卷展栏中，单击"图像名称"后面的文件夹按钮，浏览并添加本书配套资源"图案-f.jpg"贴图文件，制作出彩绘材质的表面纹理，如图9-32所示。

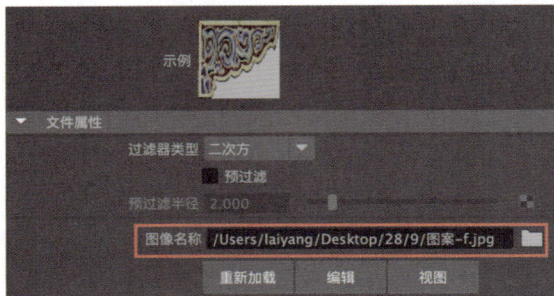

图9-32

▶**05** 在"镜面反射"卷展栏中，设置"粗糙度"为0.2，如图9-33所示。

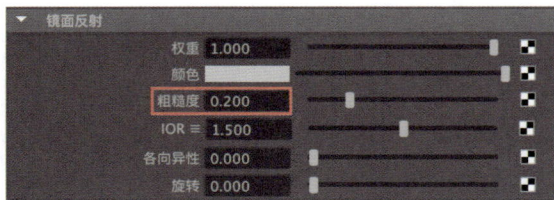

图9-33

▶**06** 制作完成后的彩绘材质球显示结果如图9-34所示。

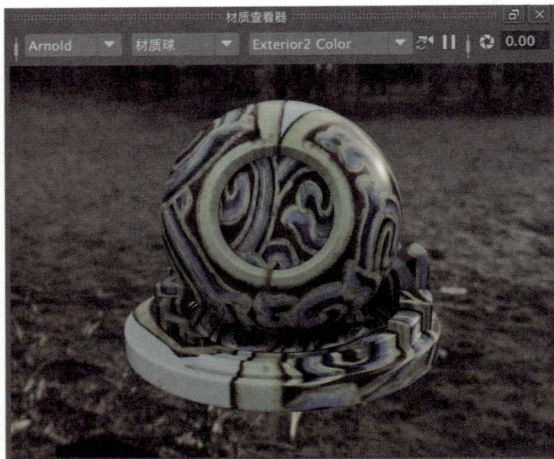

图9-34

9.3.5　制作金属材质

本实例中吊灯的边框采用了金色的金属材质，渲染结果如图9-35所示。

图9-35

▶**01** 在场景中选择吊灯模型，如图9-36所示。

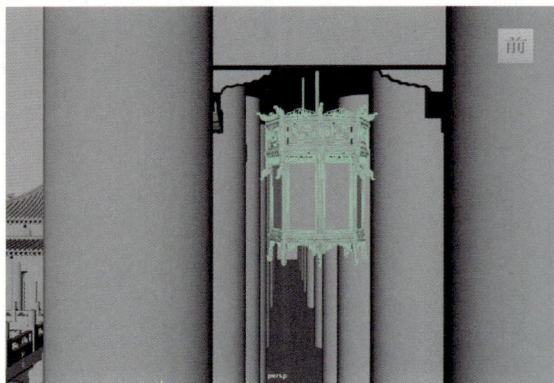

图9-36

▶02 在"基础"卷展栏中，设置"颜色"为黄色，"金属度"为1，增加材质的金属质感。在"镜面反射"卷展栏中，设置"粗糙度"为0.2，如图9-37所示。其中，"颜色"的参数设置如图9-38所示。

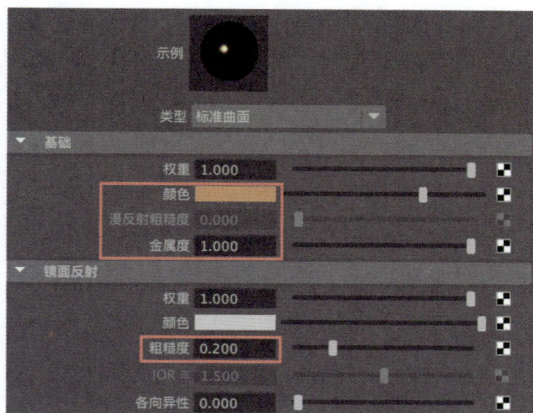
图9-37

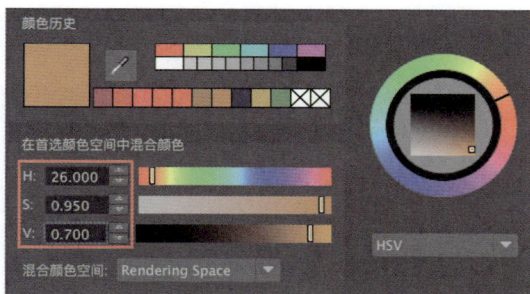
图9-38

▶03 制作完成后的金属材质球显示结果如图9-39所示。

图9-39

9.3.6　制作瓦片材质

本实例中的瓦片材质渲染结果如图9-40所示。

图9-40

▶01 在场景中选择瓦片模型，如图9-41所示。为其指定标准曲面材质。

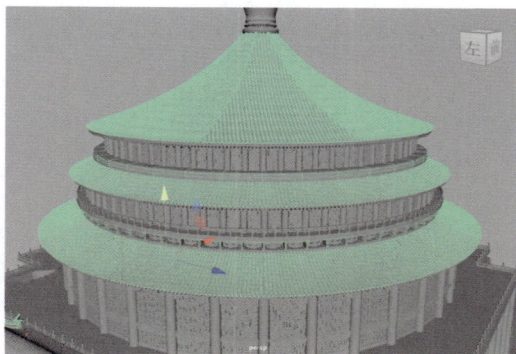
图9-41

▶02 在"基础"卷展栏中，设置"颜色"为蓝色。在"镜面反射"卷展栏中，设置"粗糙度"为0.2，如图9-42所示。其中，"颜色"的参数设置如图9-43所示。

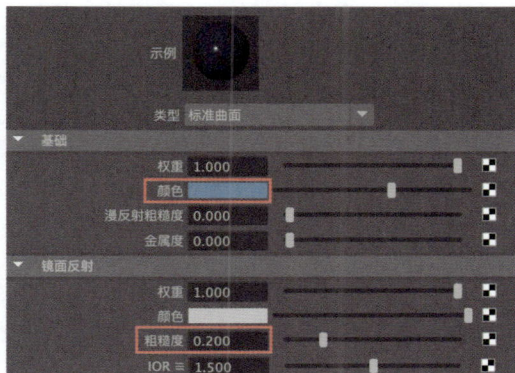
图9-42

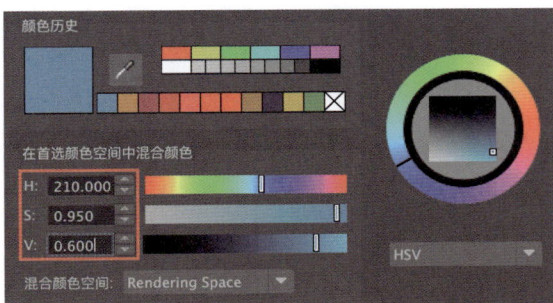

图9-43

▶**03** 制作完成后的瓦片材质球显示结果如图9-44 所示。

图9-44

9.3.7 制作金色宝顶材质

本实例中的金色宝顶材质渲染结果如图9-45 所示。

图9-45

▶**01** 在场景中选择宝顶模型，如图9-46所示。为 其指定标准曲面材质。

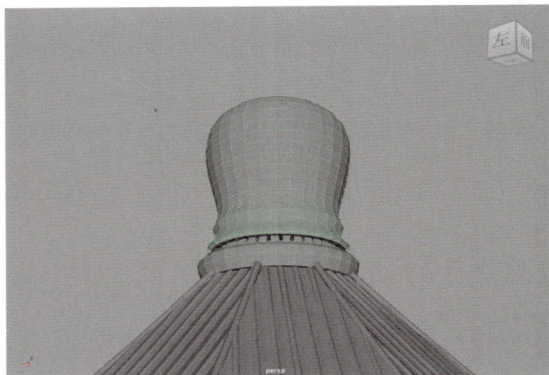

图9-46

▶**02** 本实例中的金色宝顶材质具有一定的金属质 感，所以在"基础"卷展栏中，设置"颜色"为 黄色，"金属度"为1，增加材质的金属质感。在 "镜面反射"卷展栏中，设置"粗糙度"为0.3， 如图9-47所示。其中，"颜色"的参数设置如图 9-48所示。

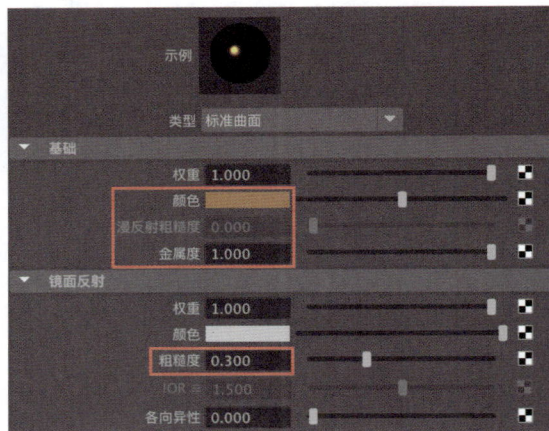

图9-47

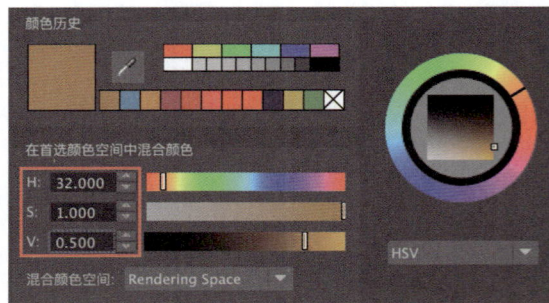

图9-48

▶03 制作完成后的金色宝顶材质球显示结果如图9-49所示。

图9-49

图9-50

图9-51

9.4 设置灯光

9.4.1 制作天光照明效果

▶01 在Arnold工具架中，单击Create Physical Sky（创建物理天空）图标，如图9-50所示，在场景中创建一个Arnold渲染器为用户提供物理天空灯光，如图9-51所示。

▶02 在"属性编辑器"面板中，展开Physical Sky Attributes（物理天空属性）卷展栏，设置Elevation（海拔）为15，Azimuth（方位）为235，Intensity（强度）为5，Sun Size（太阳大小）为5，如图9-52所示。

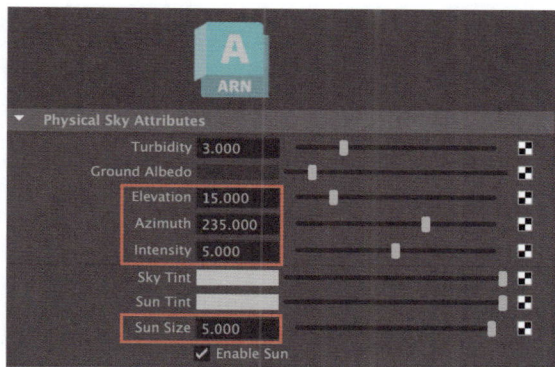

图9-52

▶03 设置完成后，渲染场景，渲染结果如图9-53所示。

▶04 在Arnold RenderView（Arnold渲染视口）中，单击右上角的齿轮形状的Display Setting（显示设置）按钮，在Display（显示）选项卡中，设置Exposure（曝光）为1.5，增加一点渲染图像的亮度，如图9-54所示。

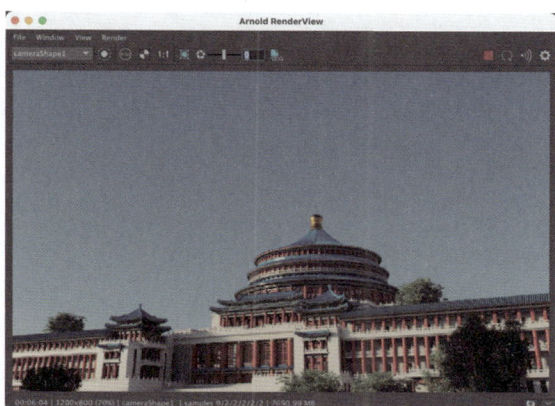

图9-53

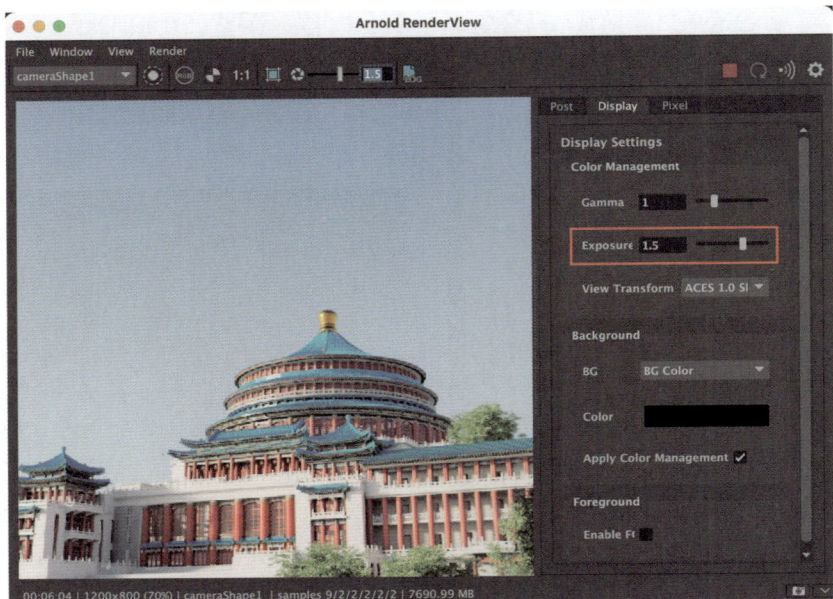

图9-54

> **提示** 也可以通过更改Exposure（曝光）按钮后面的滑块来提高图像的亮度，如图9-55所示。

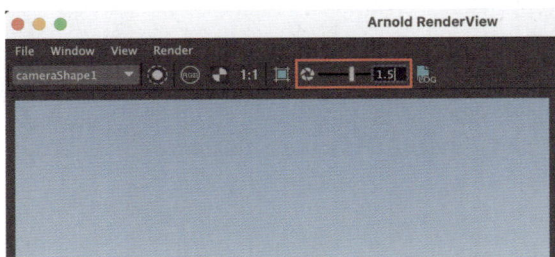

图9-55

9.4.2 制作雾气效果

在制作雾气效果前，我们应当观察一下真实世界中的雾气效果，如图9-56和图9-57所示为使用相机拍摄的两张处于雾气中的建筑照片，可以看到处于高处的建筑部分被雾气遮挡的效果更为明显一些。接下来，我们开始为场景添加雾气效果。

▶01 打开"渲染设置"面板，在Arnold Renderer卷展栏中，展开Environment（环境）卷展栏，单击Atmosphere（大气）属性后面的方形按钮，在弹出的菜单命令中执行Creat aiFog命令，如图9-58所示。

图9-56

图9-57

▶02 设置完成后，Maya会自动为Atmosphere属性添加aiFog渲染节点，如图9-59所示。

图9-58

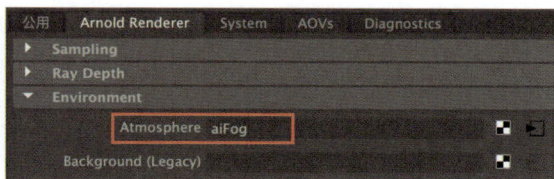

图9-59

▶03 在Fog Attributes（雾属性）卷展栏中，设置Distance（距离）为0.01，Height（高度）为5，Ground Normal（地面法线）为（0，-1，0），Ground Point（接地点）为（0，50，0），如图9-60所示。

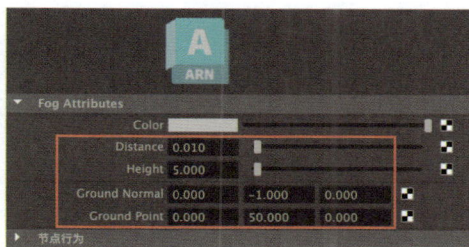

图9-60

▶04 设置完成后，渲染场景，雾气渲染结果如图9-61所示。

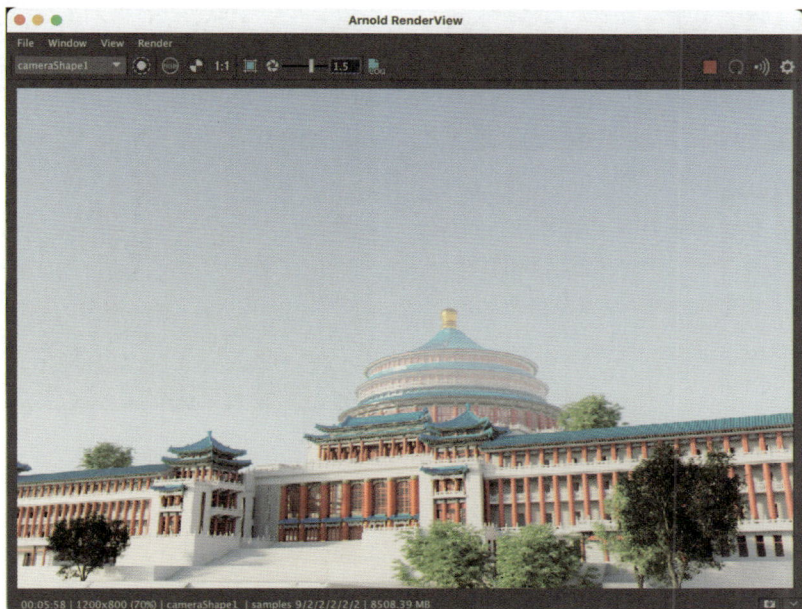

图9-61

技术专题——aiFog渲染节点命令解析

在Maya中制作雾气效果的方法有很多，使用aiFog渲染节点是较为方便的一种方式，其参数主要集中在Fog Attributes（雾属性）卷展栏中，如图9-62所示。

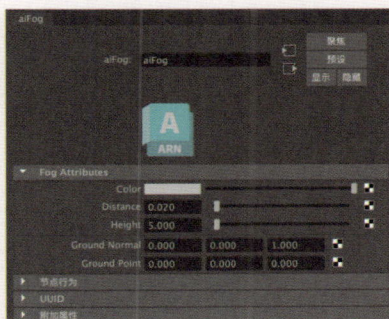

图9-62

工具解析：

● Color：用于设置雾气的颜色，如图9-63所示分别为color调试成了不同颜色的渲染结果对比。

图9-63

● Distance：用于控制雾气的距离范围，值越小，雾气效果越不明显；反之亦然。如图9-64所示分别是该值是0.01和0.3的场景渲染结果对比。

图9-64

● Height：用于设置雾气沿方向轴的指数衰退速率。

● Ground Normal：用于设置雾气的方向。
● Ground Point：用于设置雾气的起点位置。

9.5 渲染及后期处理

▶01 打开"渲染设置"面板，在"公用"选项卡中展开"图像大小"卷展栏，设置渲染图像的"宽度"为1200，"高度"为800，如图9-65所示。

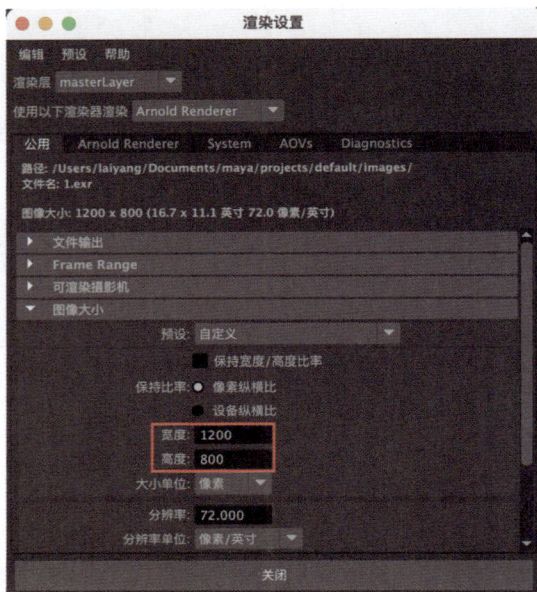

图9-65

▶02 在Arnold Renderer选项卡中，展开Sampling卷展栏，设置Camera（AA）的值为9，提高渲染图像的计算采样精度，如图9-66所示。

图9-66

▶03 设置完成后，渲染场景，渲染结果如图9-67所示。

图9-67

▶04 在Arnold RenderView（Arnold渲染视口）中，单击右上角的齿轮形状的Display Setting（显示设置）按钮，在Display（显示）选项卡，设置Exposure（曝光）为1.5，增加一点渲染图像的亮度。View Transform（视图变换）为Unity neutra，如图9-68所示。

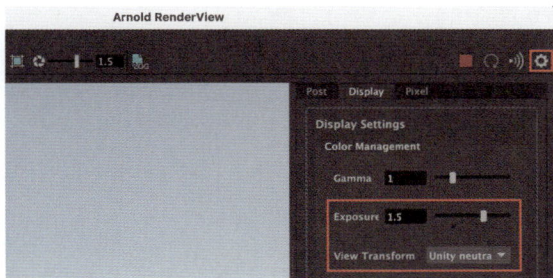

图9-68

▶05 本实例的最终渲染结果如图9-69和图9-70所示。

图9-69

图9-70

第10章 甜甜圈——卡通材质表现技术

10.1 实例简介

本实例通过制作一个卡通风格的甜甜圈来详细讲解卡通材质的制作方法，案例最终完成效果如图10-1所示。

图10-1

在制作该案例之前，用户也可以观察一下真实世界中甜甜圈的样子再进行实例制作，如图10-2和图10-3所示为使用相机拍摄的2张甜甜圈照片。

图10-2

图10-3

10.2 使用多边形建模进行模型制作

10.2.1 制作甜甜圈模型

▶01 启动中文版Maya 2023软件，单击"多边形建模"工具架上的"多边形圆环"图标，如图10-4所示，在场景中创建一个圆环模型。

图10-4

▶02 在"通道盒/层编辑器"面板中，设置圆环的参数值，如图10-5所示。

▶03 设置完成后，圆环的模型显示结果如图10-6所示。

▶04 双击"雕刻"工具架上的"抬起曲面"图标，如图10-7所示。

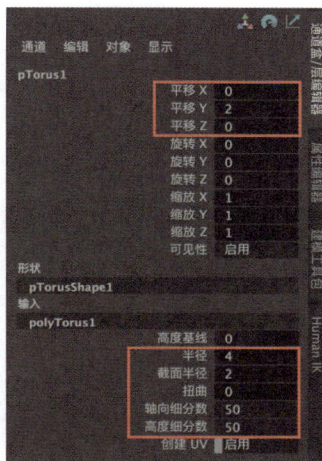

图10-5

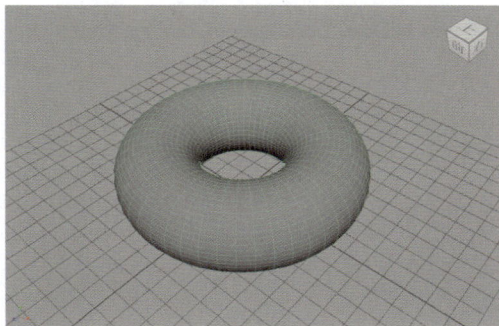

图10-6

图10-7

▶05　在弹出的"工具设置"面板中，设置笔刷的"大小"为1.5，"强度"为0.35，如图10-8所示。

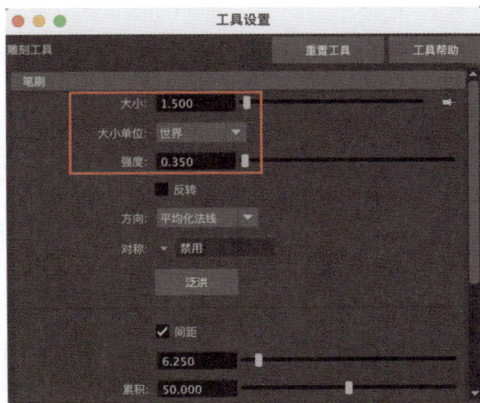

图10-8

▶06　设置完成笔刷的大小和强度后，在视图中对圆环模型进行绘制，制作出甜甜圈模型表面凹凸不平的起伏效果，如图10-9所示。

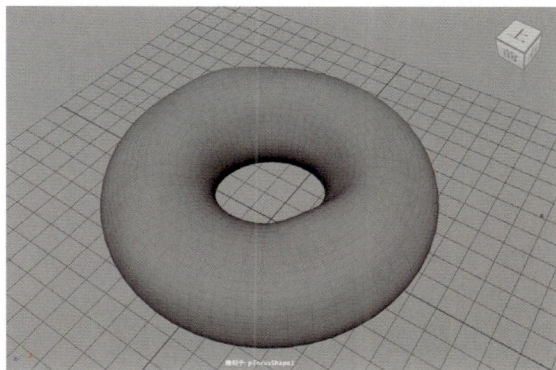

图10-9

▶07　双击"雕刻"工具架上的"沿曲面以任意方向拉动单个顶点"图标，如图10-10所示。

图10-10

▶08　在弹出的"工具设置"面板中，设置笔刷的"大小"为5，如图10-11所示。

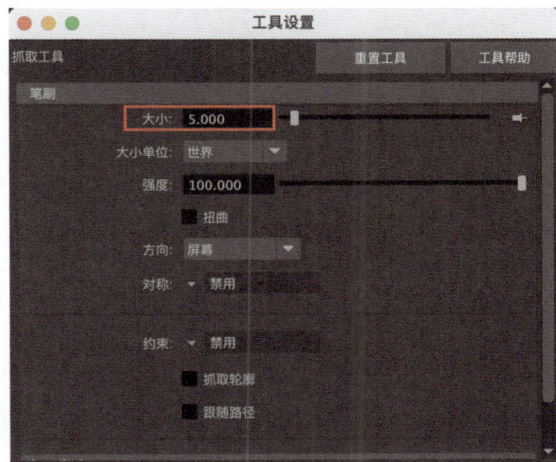

图10-11

▶09　设置完成笔刷的大小后，在视图中对圆环模型进行绘制，对甜甜圈模型表面进行微调，使得模型看起来更不规则，如图10-12所示。

▶10　单击"雕刻"工具架上的"平滑网格的曲面"图标，如图10-13所示。

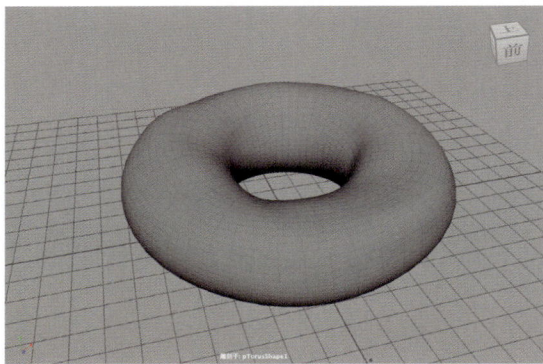

图10-12

图10-13

▶**11** 对模型进行平滑操作，使得甜甜圈模型表面变得平滑一些，如图10-14所示。

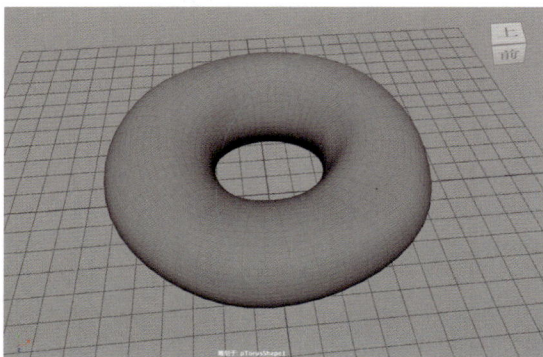

图10-14

▶**12** 制作完成后的甜甜圈模型显示结果如图10-15所示。

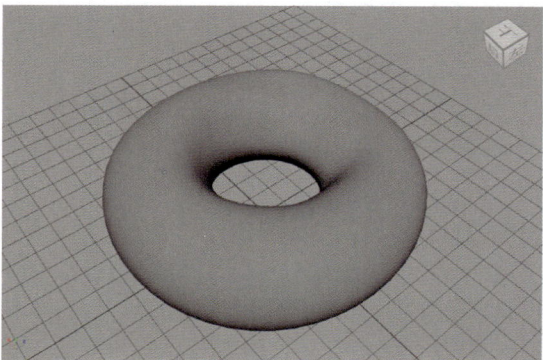

图10-15

10.2.2　制作巧克力涂层模型

▶**01** 选择甜甜圈模型，使用Ctrl+D组合键，原地复制出一个甜甜圈模型。单击"建模工具包"面板中的"面选择"按钮，如图10-16所示。

图10-16

▶**02** 使用"绘制选择工具"选择如图10-17所示的面。

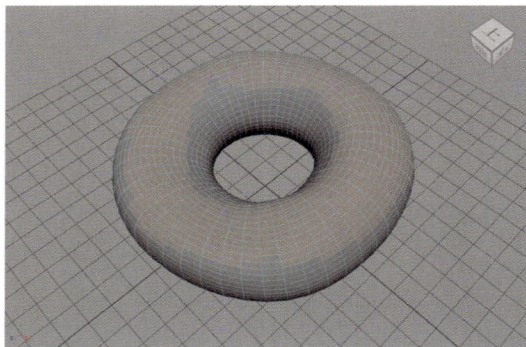

图10-17

▶**03** 单击"多边形建模"工具架上的"提取"图标，如图10-18所示。将所选择的面提取出来。

图10-18

▶**04** 接下来，单击"按类型删除：历史"图标，如图10-19所示。对提取出来对模型进行删除历史操作。

▶**05** 在"大纲视图"面板中，选择组名称，如图10-20所示。执行"编辑"｜"解组"命令，对其进行解组。

图10-19

图10-20

▶06 在场景中选择如图10-21所示的模型,将其删除,这样场景中只保留完整的甜甜圈模型和提取出来的面。

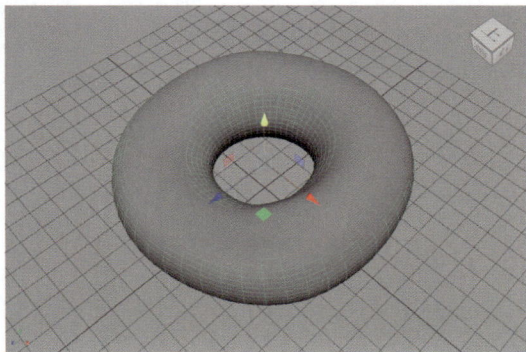

图10-21

▶07 选择如图10-22所示的模型,单击"建模工具包"面板中的"挤出"按钮,如图10-23所示。

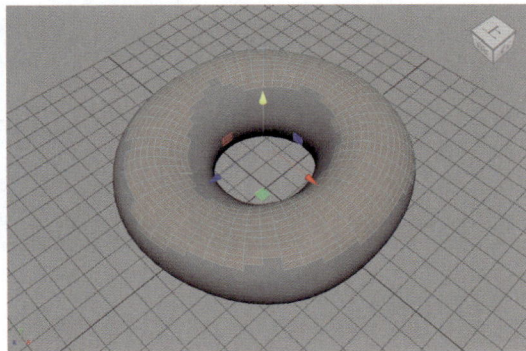

图10-22

图10-23

▶08 使用"挤出"工具制作出如图10-24所示的模型结果。

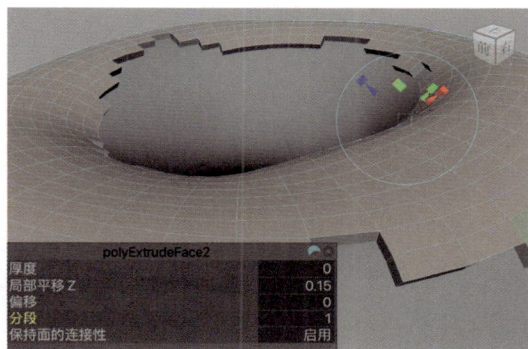

图10-24

▶09 挤出操作完成后,退出模型的编辑状态,按3键,对模型进行平滑显示,制作完成的巧克力涂层模型视图显示结果如图10-25所示。

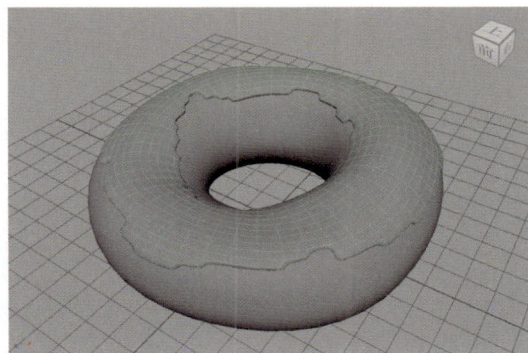

图10-25

10.3 使用MASH制作糖针

甜甜圈涂层上面通常会撒一些装饰性的糖果

颗粒，这些彩色的长短不一的糖果颗粒叫作糖针。下面来讲解糖针模型的制作方法。

10.3.1　制作单个糖针颗粒模型

▶01 单击"多边形建模"工具架上的"多边形圆柱体"图标，如图10-26所示。在场景中创建一个圆柱体模型，用来制作甜甜圈涂层上的糖针模型。

图10-26

▶02 在"通道盒/层编辑器"面板中，设置圆柱体的参数值，如图10-27所示。

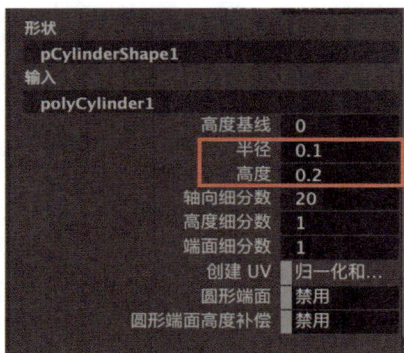

图10-27

▶03 选择如图10-28所示的边线，单击"建模工具包"面板中的"倒角"按钮，如图10-29所示。

▶04 使用"倒角"工具制作出如图10-30所示的模型结果。

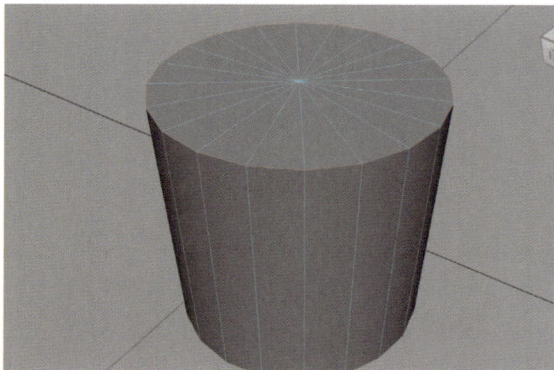

图10-28

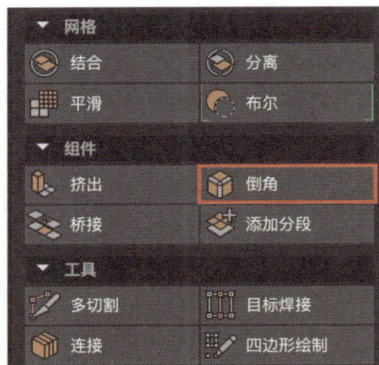

图10-29

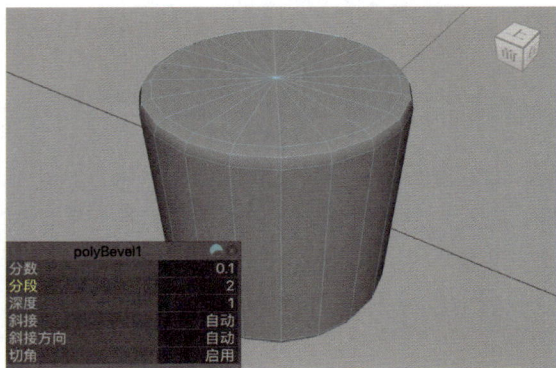

图10-30

▶05 选择圆柱体模型，单击"渲染"工具架上的"Lambert材质"图标，如图10-31所示。

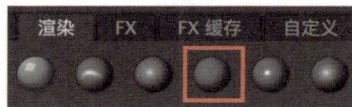

图10-31

▶06 在"公用材质属性"卷展栏中，设置圆柱体的"颜色"为红色，如图10-32所示。

图10-32

▶07 设置完成后，对圆柱体进行旋转，调整其角度至图10-33所示。

图10-33

▶08 按住Shift键，配合"移动工具"对圆柱体进行复制，如图10-34所示。

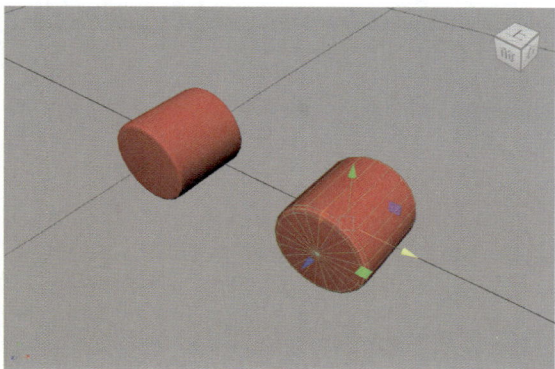

图10-34

▶09 使用Shift+D组合键，再复制出3个圆柱体模型，如图10-35所示。

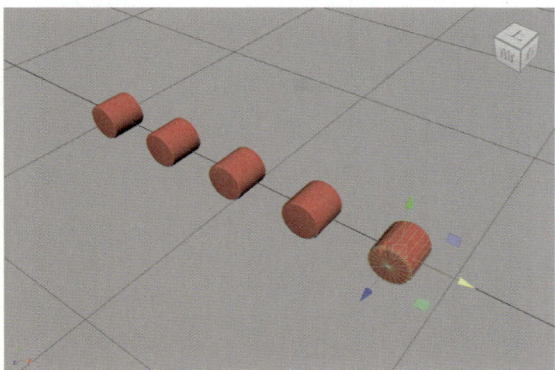

图10-35

▶10 以同样的操作方式分别设置这些被复制出来的其他圆柱体的颜色为不同的颜色，如图10-36所示。

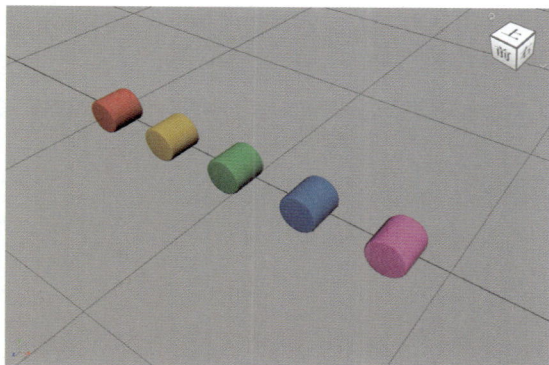

图10-36

10.3.2 创建MASH网络对象

▶01 选择场景中的这5个不同颜色的圆柱体，单击MASH工具架上的"创建MASH网格"图标，如图10-37所示，即可在场景中创建出MASH网格对象，如图10-38所示。

图10-37

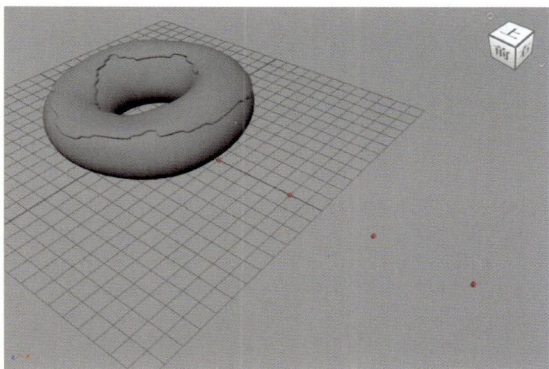

图10-38

▶02 在"属性编辑器"面板中，设置"点数"为0，如图10-39所示。

▶03 在"添加节点"卷展栏中，单击ID图标，为其添加ID节点，如图10-40所示。

▶04 在"添加节点"卷展栏中，单击Placer图标，为其添加放置器节点，如图10-41所示。

▶05 在放置器节点选项卡中，设置"随机旋转"为（0，360，0），"ID模式"为"随机"，"随机ID"为（0，5），并将场景中的甜甜圈涂层模型作为"绘制网格"，如图10-42所示。

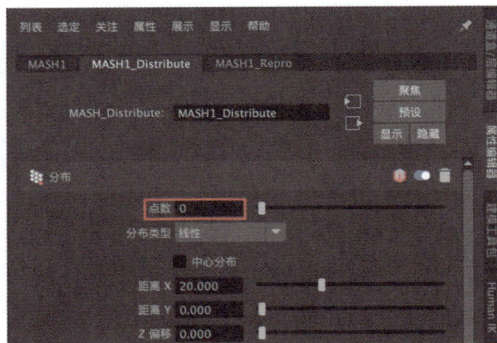

图10-39

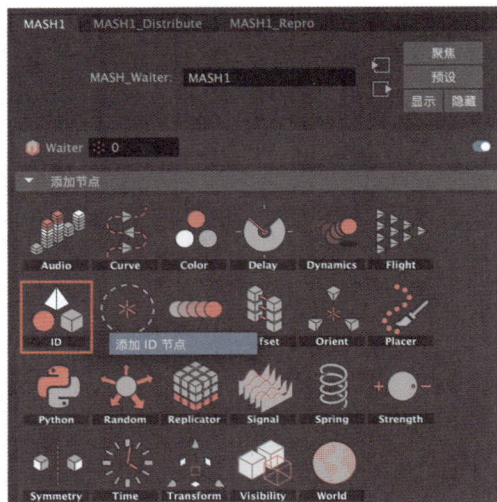

图10-40

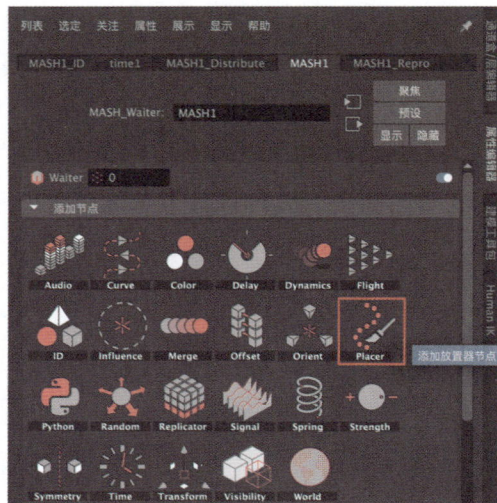

图10-41

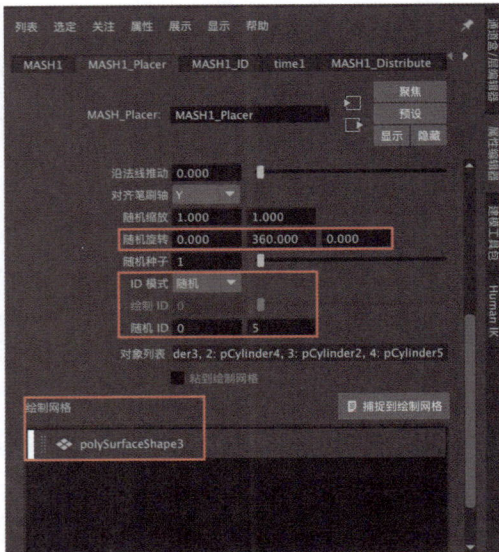

图10-42

提示 如将场景中的甜甜圈涂层模型作为MASH对象的"绘制网格"，需在"大纲视图"面板中找到甜甜圈涂层模型的名称，按住鼠标中键将其拖放至MASH对象的"绘制网格"文本框中。

▶06 设置"笔刷半径"为1，"笔刷间距"为0.5，勾选"散射"复选框，设置"散射密度"为6，设置完成后，再单击"添加"按钮，如图10-43所示。

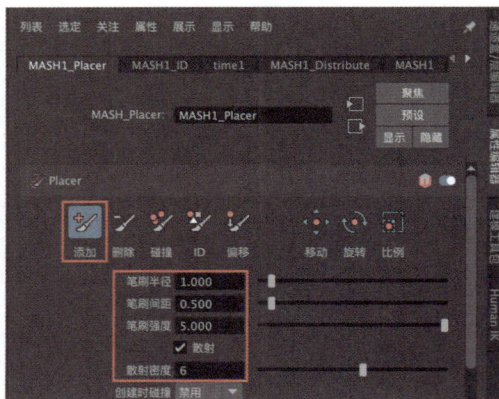

图10-43

▶07 现在可以使用绘制的方式在甜甜圈涂层模型上绘制出许多糖针，如图10-44所示。

▶08 单击"删除"按钮，如图10-45所示。可以将涂层模型边缘位置处的糖针模型删除，如图10-46所示。

成后的视图显示结果如图10-48所示。

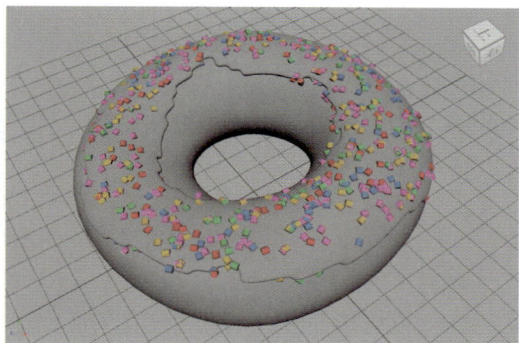

图10-44

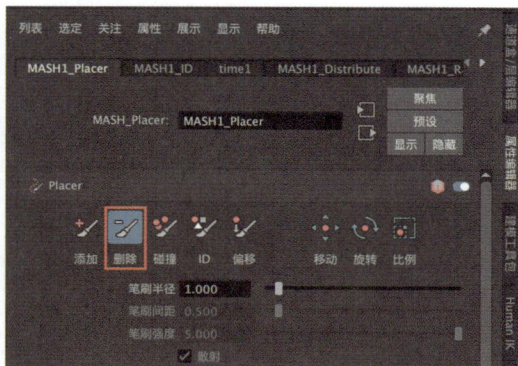

图10-45

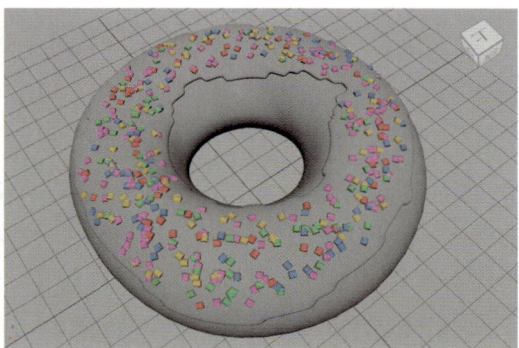

图10-46

提示　用户可以多次使用"添加"和"删除"按钮来调整甜甜圈涂层模型上糖针的数量和位置，以达到自己期望的模型结果。

▶09 在"添加节点"卷展栏中，单击Random图标，为其添加随机节点，如图10-47所示。添加完

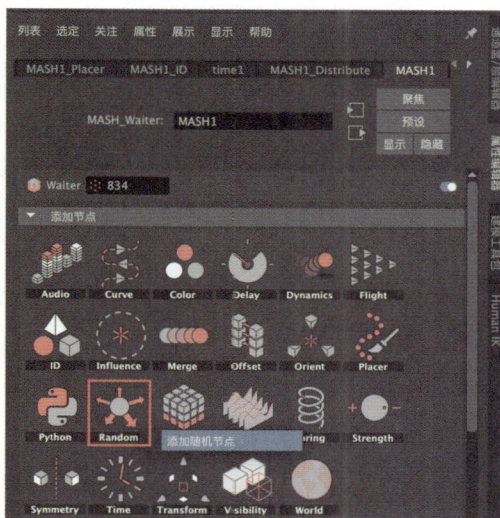

图10-47

图10-48

▶10 在随机选项卡中，设置"位置X""位置Y""位置Z"为0，"缩放Z"为2，如图10-49所示。

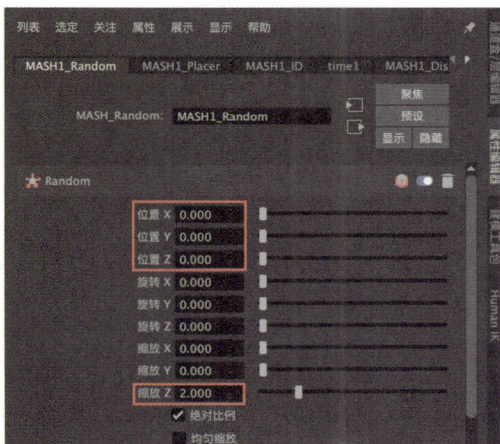

图10-49

▶11 设置完成后，涂层上的糖针模型视图显示结果如图10-50所示。

图10-50

技术专题——MASH节点命令解析

Maya为用户提供了可作用于MASH网格的多个节点命令来制作运动图形动画效果，如图10-51所示。

图10-51

工具解析：

- Audio(音频)：通过音频文件来设置MASH网络的动画效果。
- Curve(曲线)：沿曲线设置对象的动画。
- Color(颜色)：在 MASH 网络中自定义网络的CPV 数据。
- Delay(延迟)：在时间上偏移对象的现有动画。
- Dynamics(动力学)：将动力学作用力应用于MASH网络上。
- Flight(飞行)：用于模拟聚集/集群行为。
- ID：自定义为MASH点指定实例化对象的方式。
- Influence(影响)：使用导向对象影响 MASH 网络的变换。

- Merge(合并)：将两个 MASH 网络合并到一起。
- Offset(偏移)：偏移对象变换。
- Orient(方向)：将对象指向移动方向或另一个对象。
- Placer(放置器)：允许通过绘制的方式来放置MASH 网络点。
- Python：允许编写自定义 Python 脚本。
- Random(随机)：随机调整MASH网络对象的变换属性。
- Replicator(复制器)：复制 MASH 网络。
- Signal(信号)：将 4D 噪波或三角动画添加到网络。
- Spring(弹簧)：将弹簧添加到对象。
- Strength(强度)：控制连接节点在网络上的效果程度。
- Symmetry(对称)：沿指定的轴反射整个MASH 网络。
- Time(时间)：偏移组件动画。
- Transform(变换)：移动/旋转/缩放整个MASH网络对象。
- Visibility(可见性)：控制对象的可见性。
- World(世界)：在自然的非碰撞簇中围绕点排列对象。

10.4 制作灯光

▶01 单击"多边形建模"工具架上的"多边形平面"图标，如图10-52所示。在场景中创建一个平面模型，如图10-53所示。

图10-52

▶02 在Arnold工具架中，单击Create Physical Sky图标，如图10-54所示。

▶03 在场景中创建一个物理天空灯光，如图10-55所示。

▶04 在"属性编辑器"面板中，展开Physical Sky Attributes（物理天空属性）卷展栏，设置

Elevation（海拔）的值为35，设置Azimuth（方位）的值为70，设置Intensity（强度）的值为5，如图10-56所示。

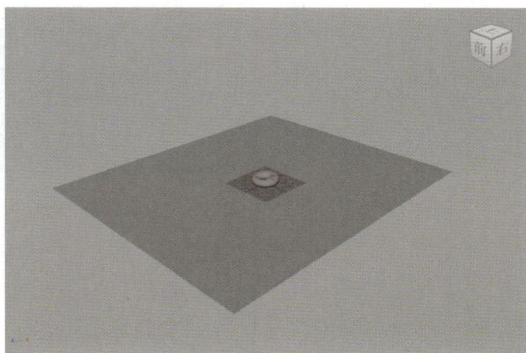

图10-53

图10-54

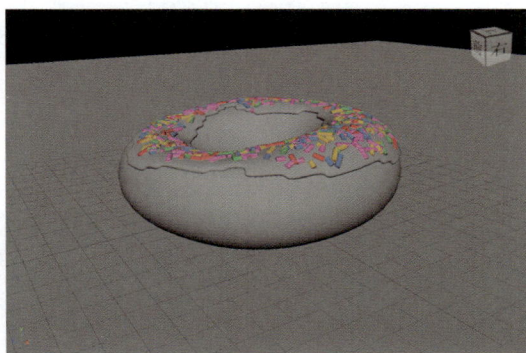

图10-55

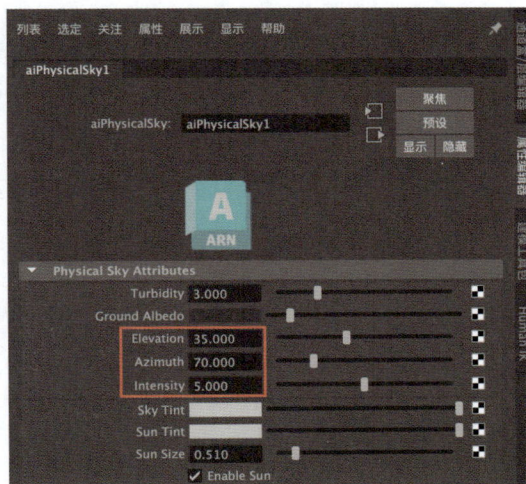

图10-56

▶05 设置完成后，渲染场景，渲染结果如图10-57所示。

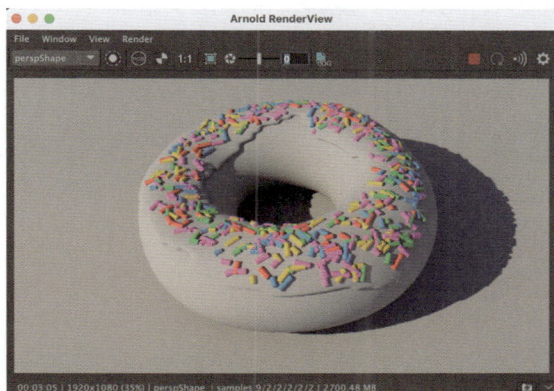

图10-57

10.5　使用aiToon制作卡通材质

10.5.1　制作甜甜圈材质

▶01 选择甜甜圈模型，如图10-58所示。

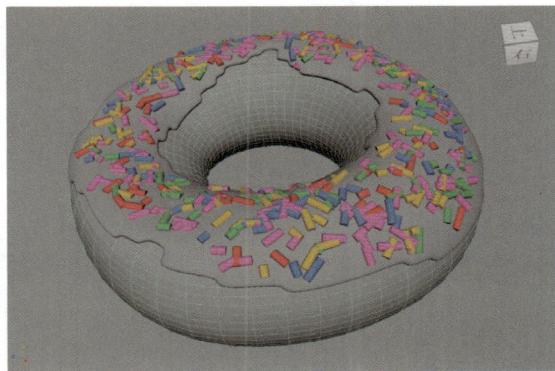

图10-58

▶02 右击并执行"指定新材质"命令，如图10-59所示。

▶03 在弹出的"指定新材质"对话框中，单击aiToon材质，如图10-60所示。

▶04 在Base（基础）卷展栏中，设置Weight（权重）为1，Color（颜色）为浅黄色，如图10-61所示。其中，Color（颜色）的参数设置如图10-62所示。

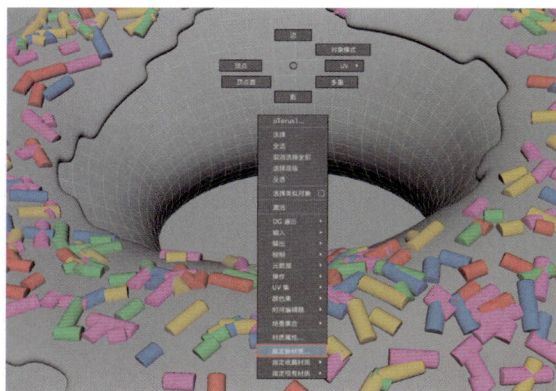

图10-59

图10-60

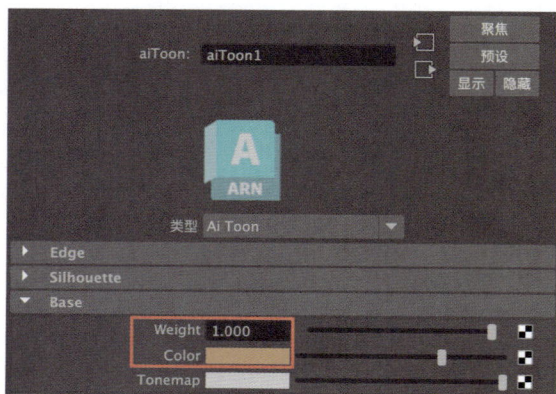

图10-61

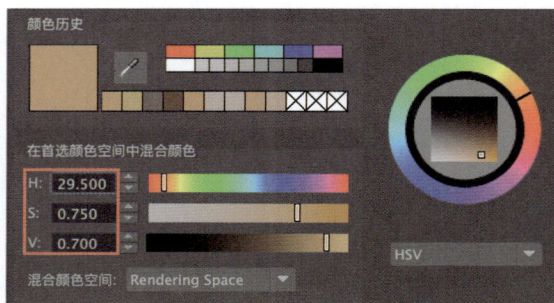

图10-62

▶05 单击Tonemap（色调贴图）后面的方形按钮，如图10-63所示。在弹出的"创建渲染节点"对话框中单击"渐变"图标，如图10-64所示。

图10-63

图10-64

▶06 在"渐变属性"卷展栏中，设置"插值"为"无"，将黑色更改为棕色，并调整白色的位置至图10-65所示。棕色的参数设置如图10-66所示。

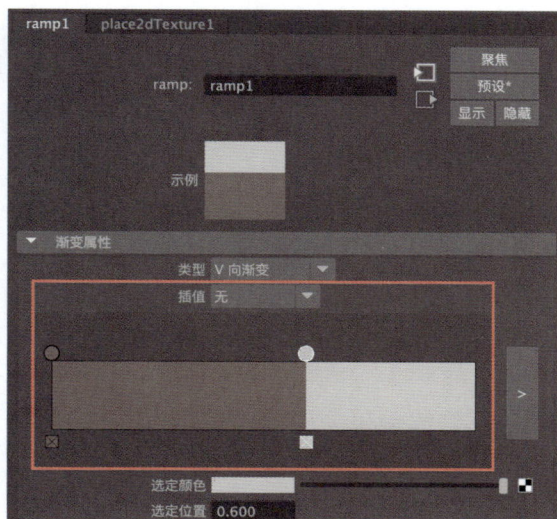

图10-65

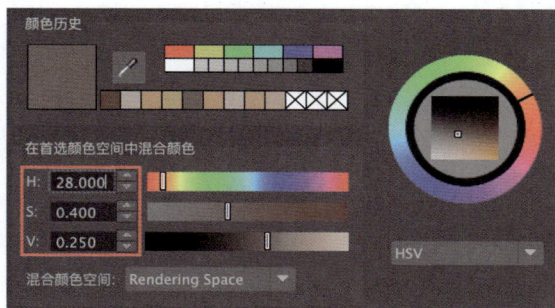

图10-66

07 在Specular（镜面反射）卷展栏中，设置Weight（权重）为0.4，Color（颜色）为浅黄色，并为Tonemap（色调贴图）属性添加"渐变"渲染节点，如图10-67所示。其中，Color（颜色）的参数设置如图10-68所示。

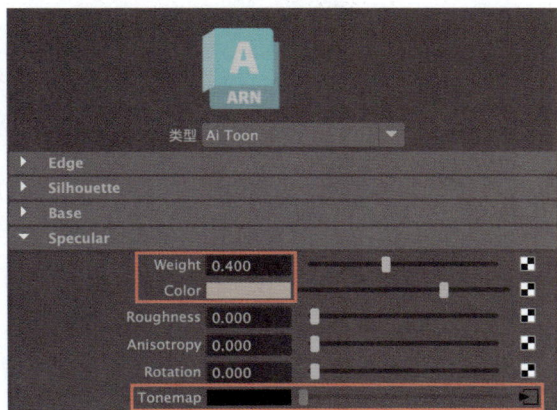

图10-67

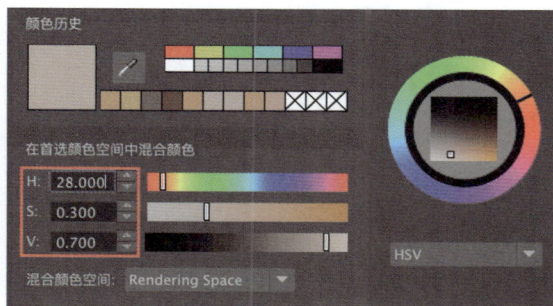

图10-68

08 在"渐变属性"卷展栏中，设置"插值"为"无"，并调整白色的位置至图10-69所示。

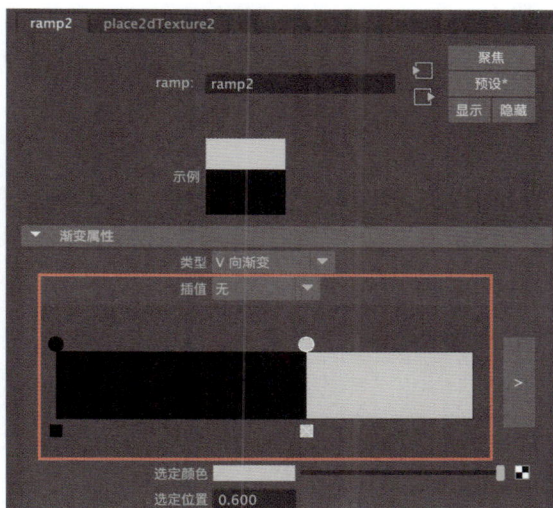

图10-69

09 设置完成后，渲染场景，渲染结果如图10-70所示。

图10-70

10.5.2　制作巧克力涂层材质

01 选择巧克力涂层模型，如图10-71所示。以同样的操作步骤为其指定aiToon材质。

图10-71

▶02 在Base（基础）卷展栏中，设置Weight（权重）为1，Color（颜色）为棕色，如图10-72所示。其中，Color（颜色）的参数设置如图10-73所示。

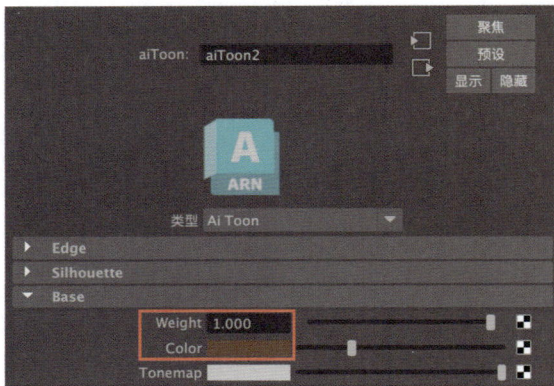

图10-72

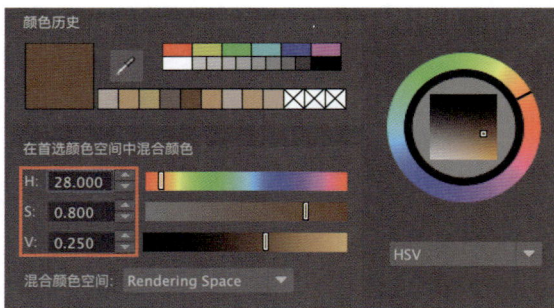

图10-73

▶03 在Specular（镜面反射）卷展栏中，设置Weight（权重）为0.5，Color（颜色）为浅棕色，并为Tonemap（色调贴图）属性添加"渐变"渲染节点，如图10-74所示。其中，Color（颜色）的参

数设置如图10-75所示。

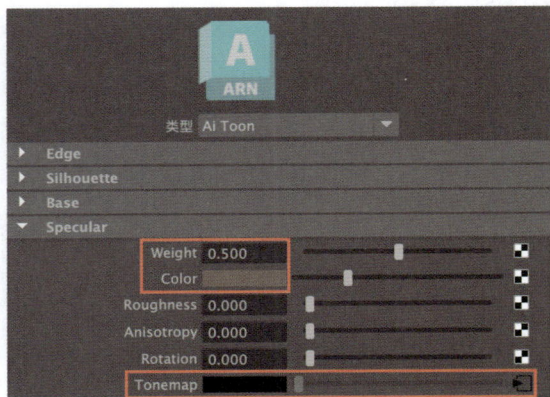

图10-74

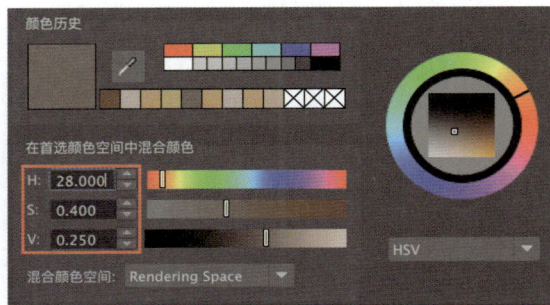

图10-75

▶04 在"渐变属性"卷展栏中，设置"插值"为"无"，并调整白色的位置至图10-76所示。

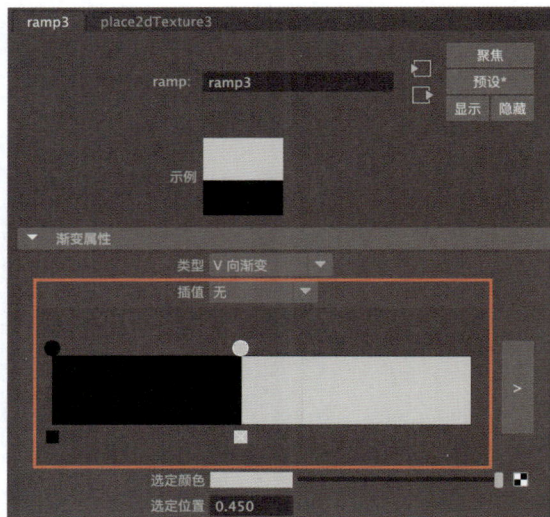

图10-76

▶05 设置完成后，渲染场景，渲染结果如图10-77所示。

图10-77

06 单击Maya软件界面上方右侧的"显示渲染设置"按钮，如图10-78所示。

图10-78

07 在Samling（采样）卷展栏中，设置Camera（AA）为9。在Filter卷展栏中，设置Type（类型）为contour（轮廓），Width（宽度）为3，如图10-79所示。

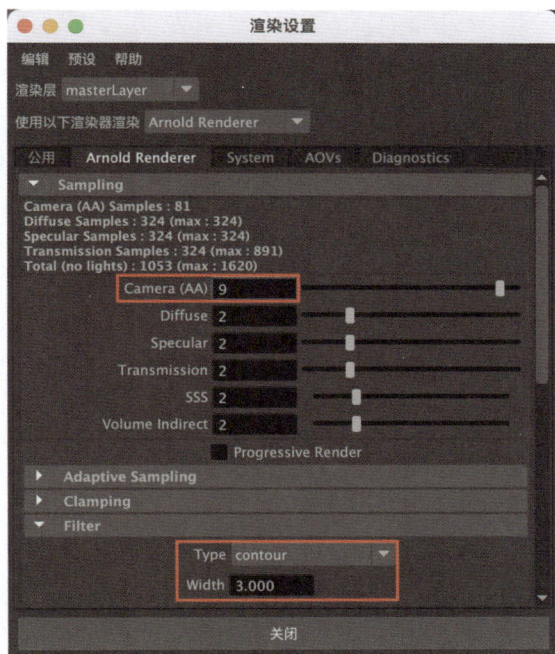

图10-79

提示 调整Width（宽度）值可以控制卡通线的宽度，如图10-80所示分别为该值是1和9的渲染结果对比。

图10-80

08 设置完成后，渲染场景，渲染结果如图10-81所示。

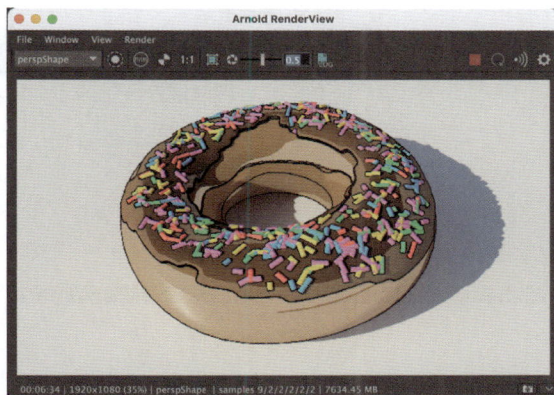

图10-81

09 在Edge（边）卷展栏中，设置Edge Color（边颜色）为暗红色，如图10-82所示。其中，Edge Color（边颜色）的参数设置如图10-83所示。以同样的操作步骤将甜甜圈模型的Edge Color（边颜色）也进行更改。

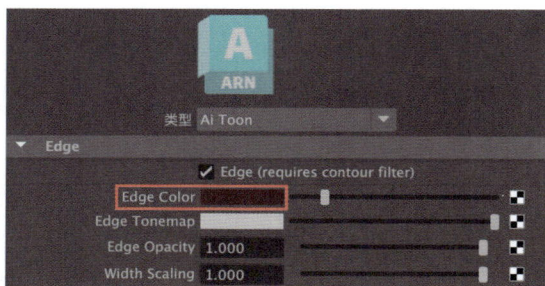

图10-82

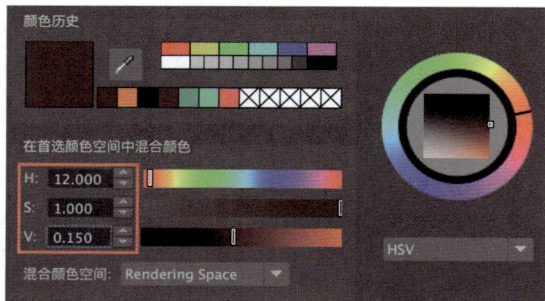

图10-83

▶**10** 设置完成后，渲染场景，渲染结果如图10-84所示。

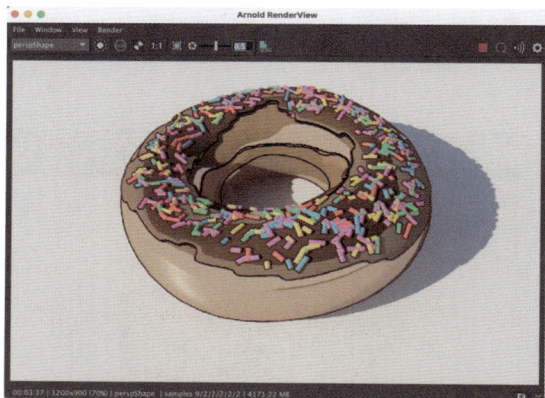

图10-84

10.6 使用aiRandom制作随机颜色效果

▶**01** 选择场景中的甜甜圈模型、涂层模型和糖针模型，如图10-85所示。

▶**02** 按住Shift键，配合"移动工具"对模型进行复制，如图10-86所示。

▶**03** 选择场景中任意甜甜圈模型上的涂层模型，如图10-87所示。并在"属性编辑器"面板中找到材质选项卡。

图10-85

图10-86

图10-87

▶**04** 在Base（基础）卷展栏中，单击Color（颜色）后面的方形按钮，如图10-88所示。

▶**05** 在弹出的"创建渲染节点"对话框中单击aiRandom图标，如图10-89所示。

▶**06** 在Random（随机）卷展栏中，设置Type（类型）为color（颜色）后，单击Color（颜色）后面的方形按钮，如图10-90所示。

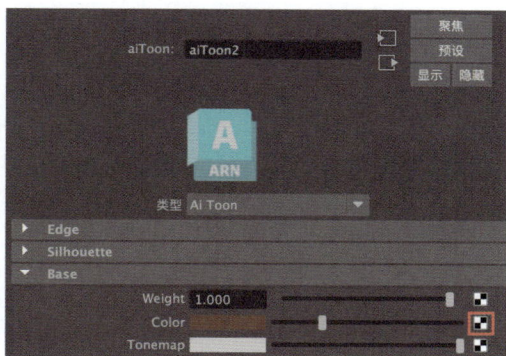

图10-88

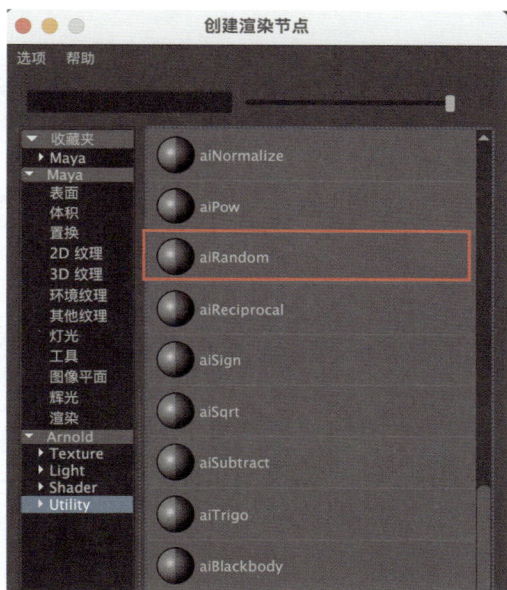

图10-89

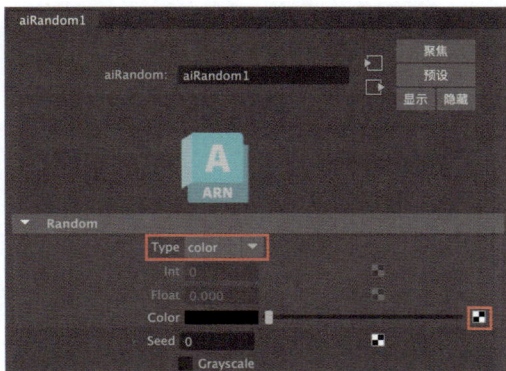

图10-90

▶07 在弹出的"创建渲染节点"对话框中单击 aiUtility图标，如图10-91所示。

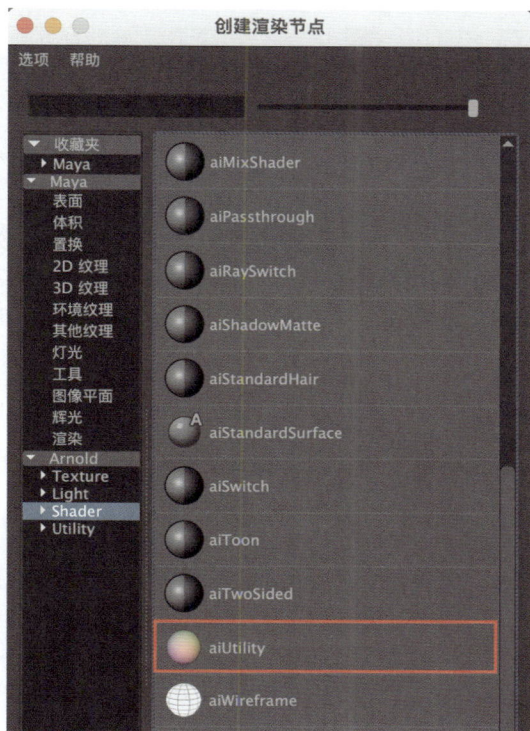

图10-91

▶08 在Utility Attributes（实用程序属性）卷展栏中，设置Shade Mode（阴影模式）为flat（平滑），Color Mode（颜色模式）为Object ID（物体ID），如图10-92所示。

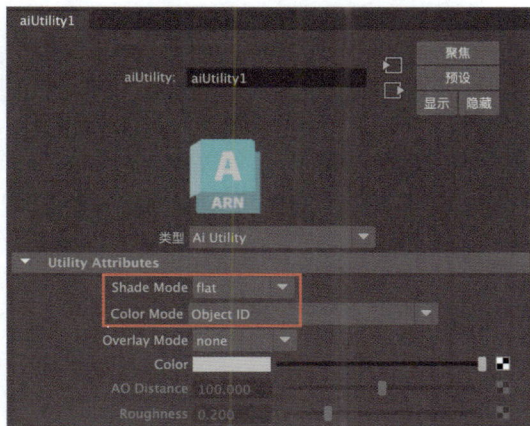

图10-92

▶09 设置完成后，渲染场景，渲染结果如图10-93所示。可以看到虽然场景中所有甜甜圈涂层给的同一个卡通材质，但是每一个涂层渲染出来的颜色都是随机的。

图10-93

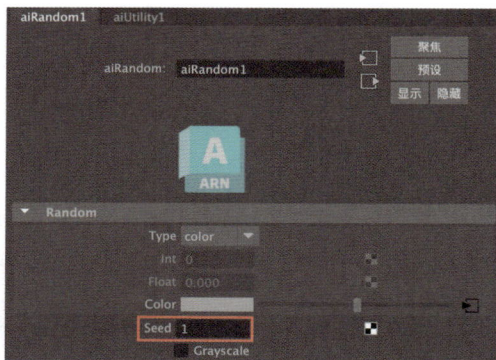

图10-96

提示 在Random（随机）卷展栏中，通过设置Seed（种子）值可以随机更改涂层的颜色，如图10-94所示。如图10-95和图10-96所示分别为设置了不同Seed（种子）值后的渲染结果。

图10-94

图10-95

10.7 使用aiOslShader制作个性化风格卡通材质

▶01 将之前做好的工程文件重新保存为一个副本文件后，只保留场景中的一个甜甜圈模型，如图10-97所示。

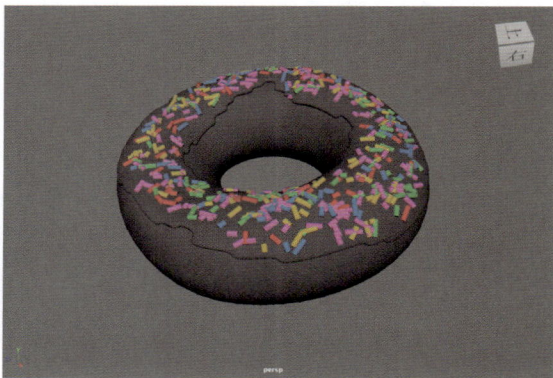

图10-97

▶02 选择场景中的甜甜圈模型，如图10-98所示。为其重新指定aiToon材质。

▶03 在Base（基础）卷展栏中，单击Color（颜色）后面的方形按钮，如图10-99所示。

▶04 在弹出的"创建渲染节点"对话框中单击aiOslShader图标，如图10-100所示。

▶05 在系统自动弹出的"连接编辑器"对话框中，在"输出"文本框内选择outValue，在"输入"文本框内选择baseColor，然后单击面板下方右侧的"关闭"按钮，如图10-101所示。

▶06 在aiOslShader1选项卡中，单击Import（导入）按钮，如图10-102所示。浏览本书配套资源文件Halftone.osl，导入完成后，如图10-103所示。

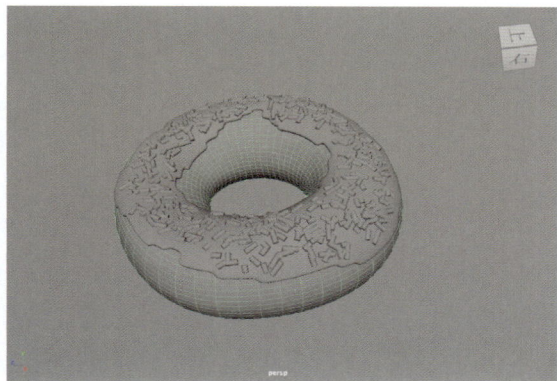
图10-98

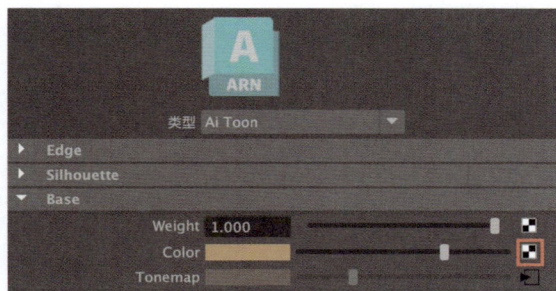
图10-99

图10-100

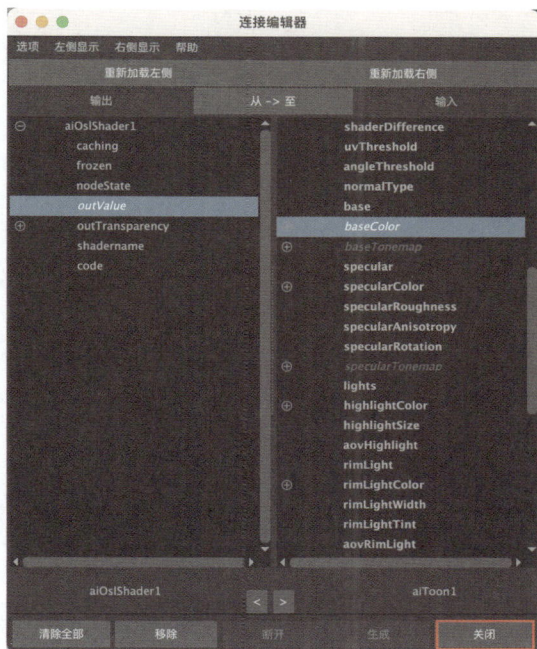
图10-101

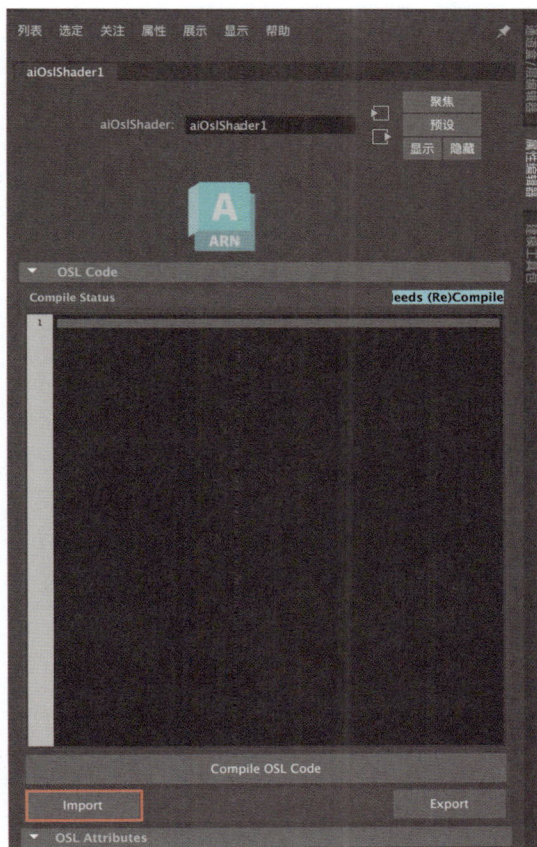
图10-102

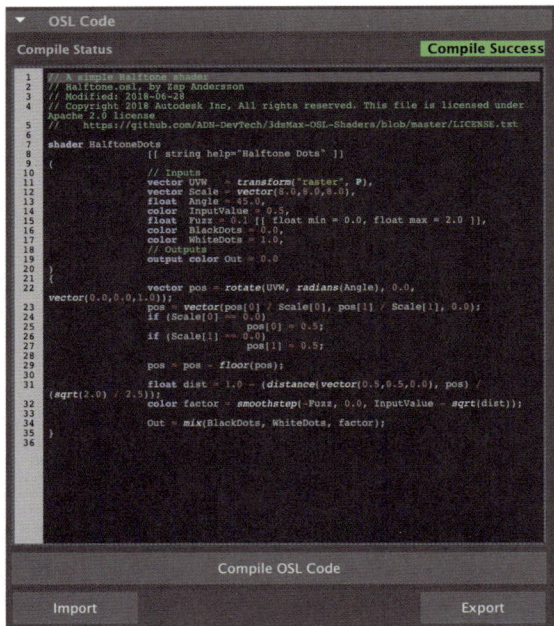

图10-103

提示 该Halftone.osl文件下载自欧特克官方网站，是一款免费的供用户学习的材质文件。由Zap Andersson提供，版权归原作者所有。

▶07 单击Compile OSL Code（编译OSL代码）按钮，则会在OSL Attributes（OSL属性）卷展栏中显示出对应的参数，如图10-104所示。

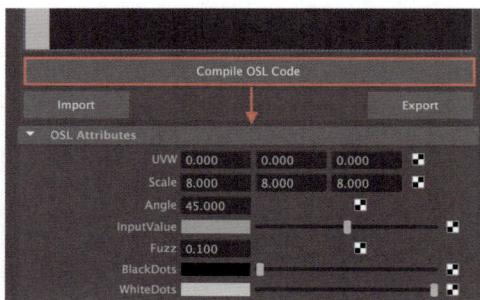

图10-104

提示 在默认状态下，OSL Attributes（OSL属性）卷展栏中没有任何参数。只有用户导入OSL文件并单击Compile OSL Code（编译OSL代码）按钮后，才会出现对应的参数。

▶08 设置完成后，渲染场景，渲染结果如图10-105所示，可以看到甜甜圈模型上会出现网点效果。

图10-105

▶09 在OSL Attributes（OSL属性）卷展栏中，单击InputValue（输入值）后面的方形按钮，如图10-106所示。

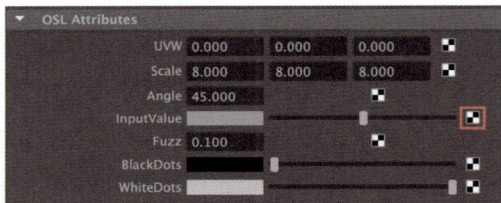

图10-106

▶10 在弹出的"创建渲染节点"对话框中单击"渐变"图标，如图10-107所示。

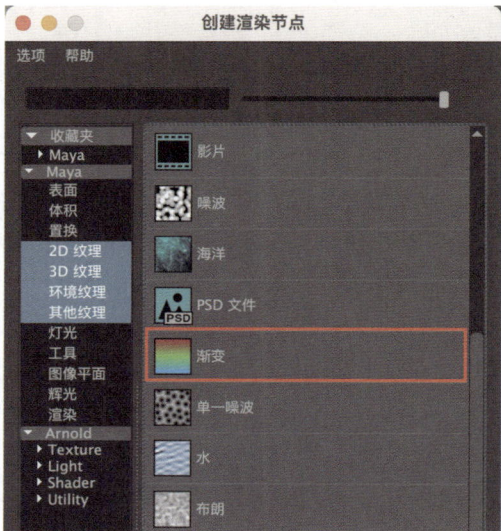

图10-107

▶11 设置完成后，渲染场景，渲染结果如图 10-108所示，可以看到甜甜圈模型上的网点效果主要集中在阴影区域。

图10-108

▶12 在OSL Attributes（OSL属性）卷展栏中，设置Scale（缩放）为（20，20，20），WhiteDots（白点）颜色为棕色，BlackDots（黑点）颜色为灰色，如图10-109所示。其中，WhiteDots（白点）颜色的参数设置如图10-110所示。

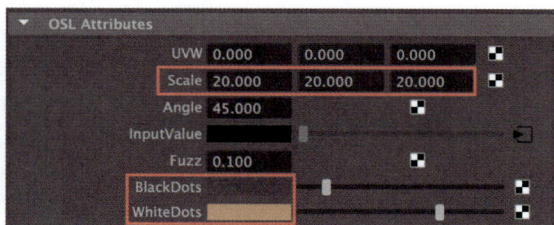

图10-109

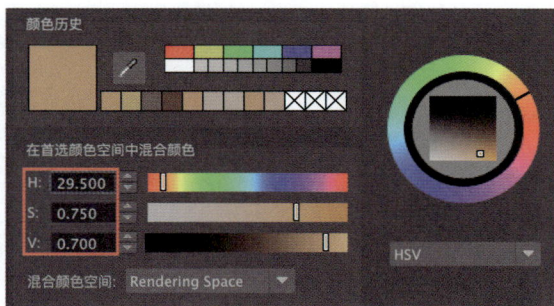

图10-110

▶13 设置完成后，渲染场景，渲染结果如图10-111所示。我们可以更改网点的颜色及大小。

▶14 选择场景中的涂层模型，如图10-112所示。

▶15 将光标放置在Color（颜色）属性上，右击并执行"断开连接"命令，如图10-113所示。

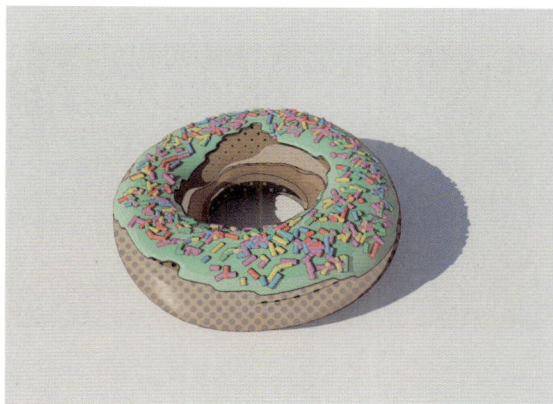

图10-111

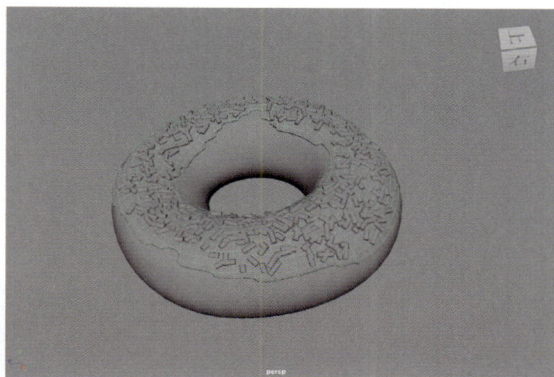

图10-112

图10-113

▶16 然后在Base（基础）卷展栏中，单击Color（颜色）后面的方形按钮，如图10-114所示。

▶17 以同样的操作步骤为其添加aiOslShader渲染节点，设置完成后，渲染结果如图10-115所示。

▶18 在OSL Attributes（OSL属性）卷展栏中，设

置Scale（缩放）为（0，9，0），Fuzz为0.2，如图10-116所示。

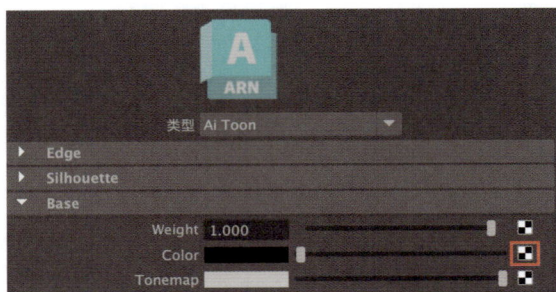

图10-114

图10-117

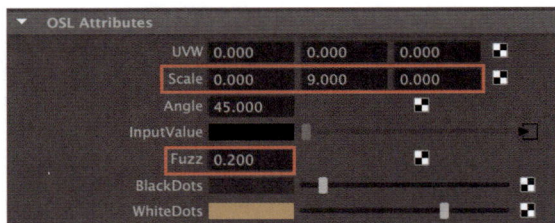

图10-115

图10-118

图10-116

▶19 设置完成后，渲染场景，渲染结果如图10-117所示，可以看到甜甜圈模型上会出现线条状的渲染结果。

▶20 用户还可以举一反三，将甜甜圈、涂层和糖针模型一起选中，为其指定新的aiToon材质，制作一些有趣的效果，分别如图10-118和图10-119所示。

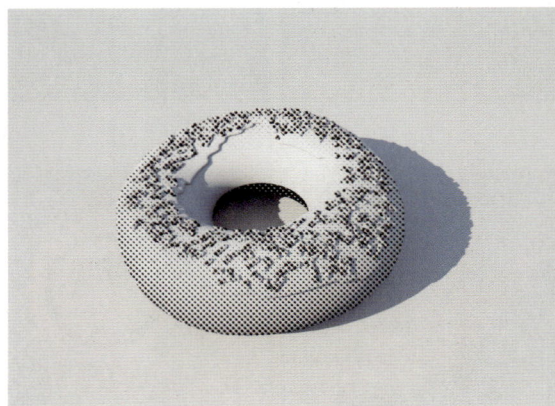

图10-119